實現夢想的技術！發明最前線

即使原本覺得不可能實現的東西，都早已在生活中發揮功能。發明的力量讓世界越來越便利。

概念模型「SD-XX」

影像提供／SkyDrive

測試機「SD-03」

飛天車

「飛天車」利用八個螺旋槳飛上天空，測試機（右圖）已經完成載人的飛行測試，令人期待 2023 年正式上市。

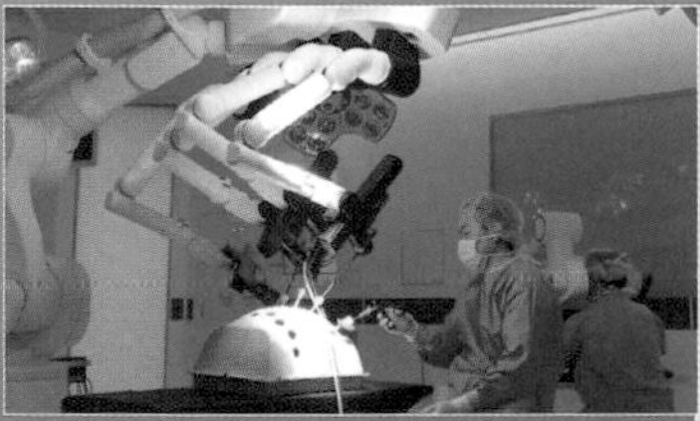

影像提供／ Medicaroid Corporation

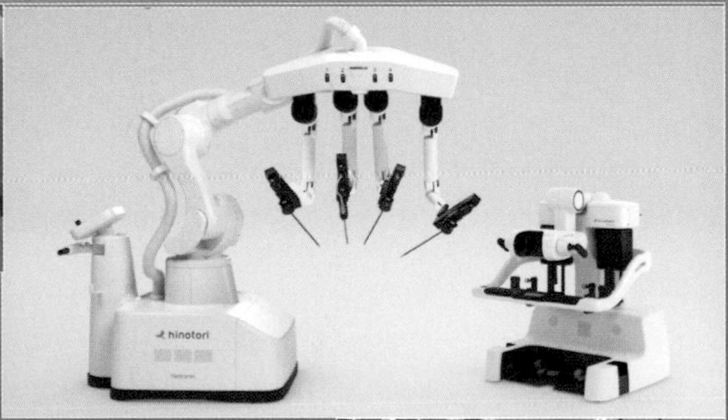

手術輔助機器人

日本第一個國產手術輔助機器人「hinotori」，能夠利用機器手臂執行手術，未來還能透過網路進行遠距手術。

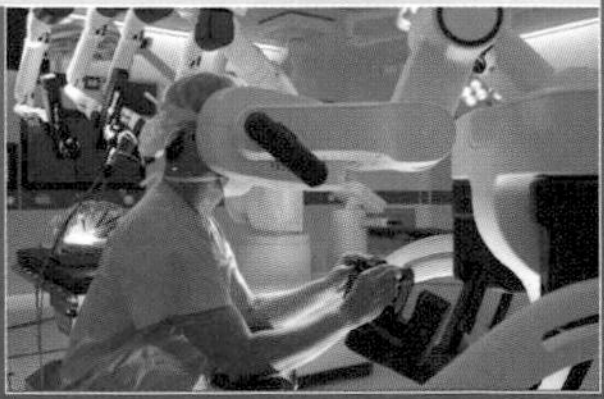

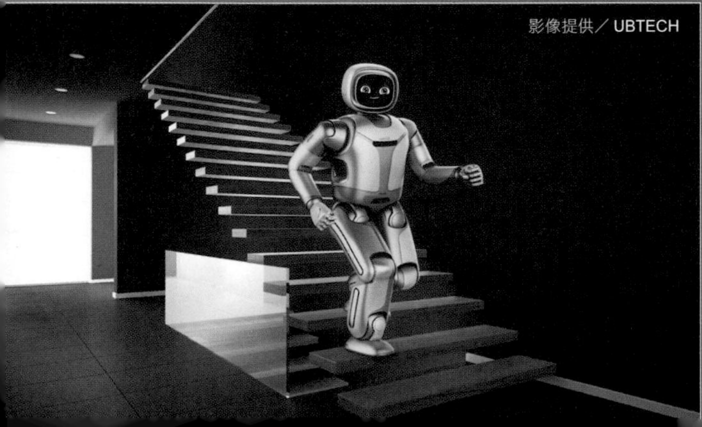

影像提供／ UBTECH

家用機器人

UBTECH 公司正在開發的機器人「Walker」，除了可以流暢的用雙足行走之外，還能開關門、畫畫、彈鋼琴。

今昔大不同　發明的進化史

過去的發明如今仍不斷進化，一起來比較一些主要的發明在過去與現在的演變。

今

John T. Daniels, P via Wikimedia Commons

© AIRBUS

飛機

從萊特兄弟發明的「飛行者一號」（左上圖）第一次飛上天空，至今已經過了大約 120 年。空中巴士公司開發中的新機型「Maverick」（右圖）外觀為獨特的三角形，燃油效率比既有飛機提升了兩成。

電話

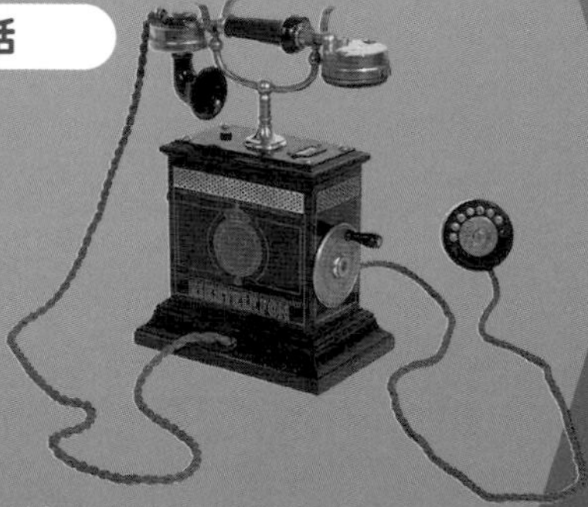
Hallwyl Museum / Samuel Uhrdin / CC BY-SA

影像提供／共同通信社

以前的電話（左上圖）又大又笨重，根本不可能隨身拿著走。如今人手一支智慧型手機，隨時隨地都能與別人通話，時代真的不同了。另外還有 5G 網路、折疊式智慧型手機（右上圖）等，進化之路仍在持續中。

注射針筒

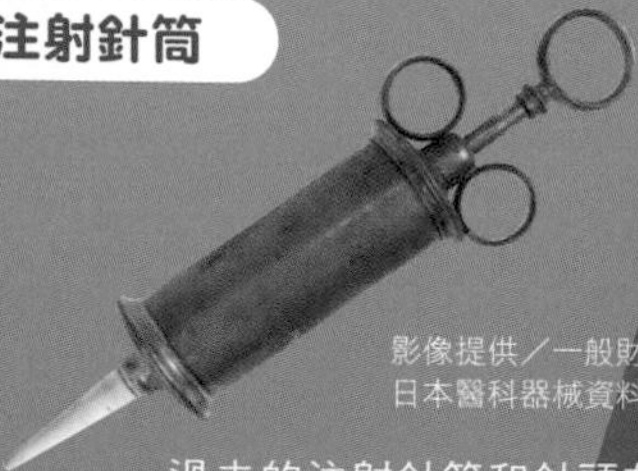
影像提供／一般財團法人
日本醫科器械資料保存協會

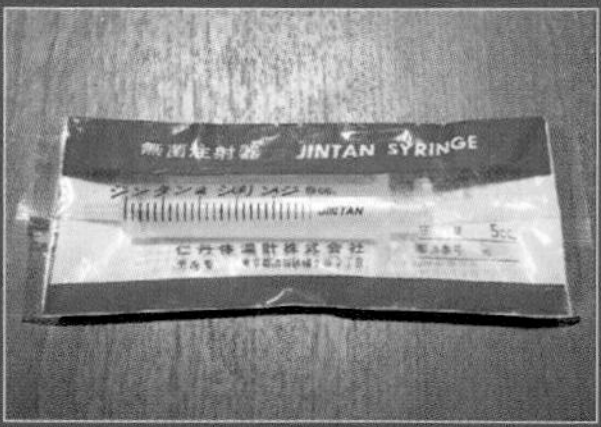

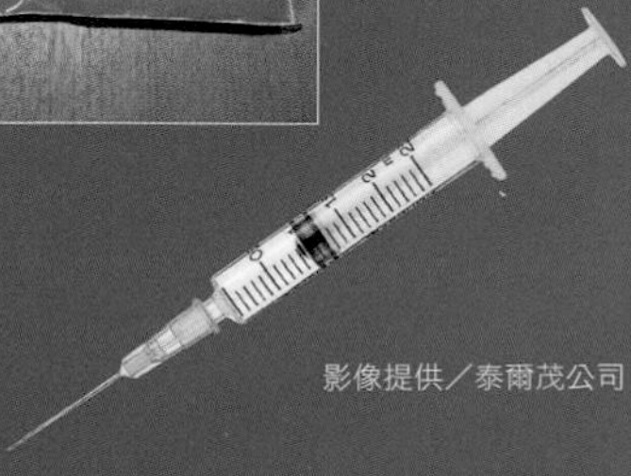
影像提供／泰爾茂公司

昔

過去的注射針筒和針頭在使用過後會消毒重複使用，1963 年日本醫療器械公司泰爾茂推出了第一款「拋棄式針筒」，避免針筒成為疾病的傳染途徑，提高醫療安全性。

好吃又好玩 美食新發明

「食物」是人類生存不可或缺的關鍵，無論是味道、吃法或作法，新創意讓食物更加進化。

泡麵

安藤百福發明的全世界第一款泡麵「雞湯拉麵」，只要倒入熱水泡兩分鐘就能吃，因此又被稱為「魔法拉麵」。後來安藤還發明了「杯麵」，為人類的飲食型態帶來重大改革。

影像提供／日清食品 HD

機器廚師

這款「平面旋轉式自動炒菜機（RoboChef）」是廚房裡的好幫手，無須翻動沉重的炒鍋，任何人都能炒出相同美味的炒飯和蔬菜，還能做炒麵喔！

影像提供／M.I.K Corporation

太空食品

太空食品提供太空人必需的營養，也方便太空人在太空站上食用。JAXA（日本宇宙航空研究開發機構）為了日本太空人開發了飯糰與咖哩調理包等「日本太空食品」。

影像提供／JAXA

植物工廠

如今是連蔬菜也能在「工廠」製造的時代，藉由適度控制水、肥料與照明量，可以比在一般田地中更有效率的「種」出蔬菜。植物工廠可不受天候的影響，還能維持穩定的價格。

影像提供／MIRAI

連結未來的一大步！孩子們的發明

孩子們發揮天馬行空的創意，創造出許多出色的發明。以下是「全日本學生兒童發明巧思展」（日本公益社團法人發明協會主辦）的部分得獎作品。

陽光採光裝置（恩賜紀念獎）

工藤貴博（小六）的發明

將這個裝置設置在窗戶上，就能讓陽光照射到房間深處。巧妙的設計，即使太陽移動位置，仍然能以水平角度引進陽光，也能配合太陽方位的變化移動位置。

發明祕辛請參照180頁！

智慧雨量計（文部科學大臣獎）

工藤大知（小四）的發明

可能引發洪水或土石流等災害的豪大雨發生時，可以透過窗戶，利用聲音與光線發出通知，而且能夠同時偵測「時雨量」與「連續降雨量」，充滿設計巧思。

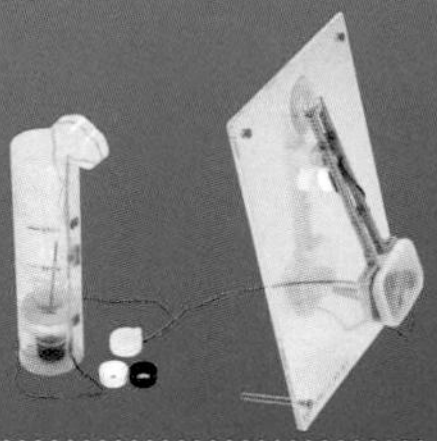

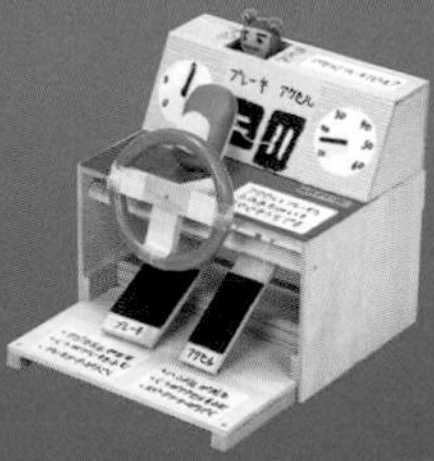

哪個是油門？哪個是剎車？（經濟產業大臣獎）

末光怜（小二）的發明

發明祕辛請參照181頁！

新聞經常報導駕駛人原本要踩剎車，卻不小心誤踩油門導致車禍意外。這項裝置可以預防駕駛誤踩油門。當駕駛的腳踩在油門上，方向盤就會發光；不管是踩油門或剎車，裝置上的鞋子都會跟駕駛對應的腳同步動作。這項發明充滿有趣的創意。

未來書包（專利廳長官獎）

發明祕辛請參照182頁！

連恩・漸・魏夫溫科（小四）的發明

這款書包使用「RFID」系統，可以辨別教科書。只要按下日期鍵，書包就會通知要帶哪些教科書，避免忘記帶東西，或是帶了不需要的物品上學，十分方便。

變身椅子（發明協會會長獎）

岩本恭征（小六）的發明

除了能當椅子坐之外，還能變身為推車運載物品。據說這是發明者去爺爺家玩的時候，看到爺爺搬東西很辛苦而想到的點子，這張椅子充滿了發明人的體貼心意。

多啦A夢 DORAEMON

知識大探索

KNOWLEDGE WORLD

發明家養成器

哆啦A夢知識大探索 發明家養成器

目錄

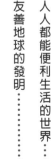

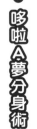

關於這本書

這是一本可以一邊閱讀哆啦A夢漫畫，一邊學習發明知識，一次滿足娛樂與學習兩種需求的書籍。

現代生活到處都是方便好用的物品，各位可曾想過這些東西都是誰在什麼狀況下發明出來的嗎？無論是在學校使用的學習工具、在家裡生活中必須的電器用品、街上隨處可見維護公眾安全的設備，全都來自於發明家的創意巧思，歷經辛勤研究而成。我們日常使用的物品是如何發明出來的呢？發明又是怎麼一回事？本書將以淺顯易懂的方式為各位解說。

世界上有許多偉大發明家，發明不是特殊階層專有的權利。有些發明家也不是專家，他們靠著自己的靈光乍現，發明出方便好用的商品。有些出色發明還是出自小學生之手。他們是如何想到絕妙的點子，又是如何將點子實際製作出來呢？如果能了解這一點，或許也能幫助各位將日後想到的創意化為出色發明品。

衷心希望各位讀者能透過本書，了解創意的價值與動手製造的樂趣。

※未特別載明的數據資料，皆為二〇二〇年九月的資訊。原則上，書中刊載的公司名稱是發明品剛完成時的名稱。

這是收音機剛發明時的樣子。
真的很有趣耶！

發明能和哆啦A夢和好的機器。

石器時代的國王

非常適合我的時代！
什麼？
就是石器時代啊！好幾萬年前，人類過著像猴子一樣的生活。
那時他們應該不知道有電燈、汽車、飛機等等方便的東西吧？
那就由我來教他們這些知識。

比如說，
那個時代還得鑽木取火，一定很辛苦吧！
我只要拿起火柴輕輕點一下，
他們一定會嚇一大跳。
到了晚上一片漆黑，他們沒有電燈，
野獸會趁機偷襲他們……
只要我拿起手電筒一照，
ピカ
野獸就會落荒而逃，
大家一定很開心。
收音機播放的搖滾音樂，絕對會引起騷動的！
所有人都會以為是魔法，嚇得直發抖。
再也沒有人瞧不起我。
搞不好還會請我當國王。
會這麼順利嗎？
哆啦A夢你不用來沒關係，
國王一個人就夠了。

Q 日本最早出現的陶器是以下哪一個？①彌生陶器 ②繩文陶器 ③大和陶器

A ②繩文陶器。這是製造於大約一萬六千年到兩千三百年前「繩文時代」的陶器。

只要回到十萬年前就可以了吧！
我專屬的世界。
這裡住著一些文明尚未開化的人類，
就好像剛出生的嬰兒一樣，什麼都不知道。
我來教導你們知識，帶領你們走向文明。
說不定這些人像猩猩一樣粗暴……
不過只要我用愛去感化他們。
我想他們一定會接受我的。

怎麼會這樣？
連一個村莊都沒有。
從早上走到現在，一個人影也沒看見。
仔細想想也對，十萬年前，人類的數量那麼少。
而且分散在地球各個角落生活，
覺得自己好傻，
回家吧！
糟了！
每次用「時光機」，我總是忘記出口在哪裡……
想問路也沒有警察局。
オロオロ
ウロウロ
這下可糟了。

※慌張亂走

發明家養成器Q&A

Q 在羅盤普及的大航海時代，率先抵達美洲大陸的探險家是誰？①哥倫布 ②培里 ③沙勿略

A ①哥倫布。出生於義大利的探險家哥倫布，在一四九二年抵達美洲大陸周邊的聖薩爾瓦多島。

發明家養成器Q&A

Q 一七一二年誰發明第一座實用蒸汽機？①湯瑪斯·紐科門 ②愛德華·索美塞特 ③丹尼斯·帕潘

A

①湯瑪斯・紐科門。瓦特發明的瓦特蒸汽機是紐科門蒸汽機的改良版。索美塞特與帕潘也是成功開發蒸汽機的發明家。

是我爸爸在河邊抓到的。
好特別喔。
吃吧！
那怎麼能吃啊？
這叫罐頭，沒吃過吧？吃了保證你嚇一跳。
我忘了帶開罐器。
生火來烤魚吧！
就是現在！拿出火柴嚇他們，自然就會尊敬我了。
溼掉了。
啊～！
ポキ
ポキ
拿那麼小根的木頭就想起火，果然是猴子。

※嚓、嚓

發明家養成器Q&A

Q 是誰讓汽車價格下降到大家都買得起？①艾蒂安・雷諾 ②亨利・福特 ③尼古拉斯・奧托

A ②亨利・福特。他的工廠因大量生產，成功壓低價格，讓所有人都能買到價格合理的汽車，有「汽車之王」的美譽。

※咚、咚

發明家養成器Q&A

Q 網址最前面的「www」讀法是「triple double」，這是真的嗎？

A 假的。「www」是「world wide web」的簡稱，亦可讀為「triple w」。開發者是電腦科學家提姆・柏內茲李爵士。

糟了！
孩子們有危險了！
※咻咻咻
噗嗚。
ヒュン
ヒュ
ヒュン
ガチン
ブルン
※嘎鏘
※甩～

發明家養成器Q&A

Q 販售「iPhone」的公司是哪一家？①橘子 ②葡萄柚 ③蘋果

還好我來找你。
哆啦A夢。
一下子就打倒長毛象。
一定是神仙。
神仙大人。
請到我們的村子去。
我要回去了啦！
再等一會。

A ③蘋果。由史蒂夫・賈伯斯等人於一九七六年創業，推出個人電腦「麥金塔（Macintosh）」等無數暢銷商品。

古代的發明促進文明發展

人類最初的發明是「石器」

在漫畫中登場的石器時代沒有自行車、飛機、手電筒、火柴，也沒有收音機，所有我們現在習以為常的用品和用具，在過去完全不存在，它們全部都是一個一個被「發明」出來的。如果沒有這類「發明」，人類的文化與文明就無法發展。話說回來，人類最早的發明，是誕生於二十萬年前的「石器」。在石器發明之前，人類根本無法「切割」或「刺穿」物體，石器讓人類可以更有效率的採集植物、獵捕動物。而且石器的發明也帶來了日後的農業與畜牧業發展。

▲利用石頭製作各種工具，讓古代人的生活更加便利。

定居生活和「文字」的發明開啟人類的文明

人類展開農業與畜牧生活之後，再也不需要為了覓食四處遷徙，可以一直定居在同一個地方，而且還在同一個地方建構文明。

人類開始定居之後，發明了「文字」。文字是文明發達不可或缺的關鍵。

在文字發明之前，資訊的傳遞是以口說為主。也就是說，情報資訊的流動僅限於自己能說到話的對象，範圍十分的狹隘。不過，有了文字之後，可以將正確的資訊完整傳遞給不在自己身

▲不少中國古代創造的甲骨文演變出的文字，後來成為現代的日本漢字。

邊的不特定人士。

事實上，人類最古老的埃及文明、美索不達米亞文明、印度河流域文明與中國文明，分別發展出各自的文字。西元前三千五百年，美索不達米亞文明發明「楔形文字」；西元前三千年，埃及文明發明「聖書體（碑銘體）」；西元前兩千六百年，印度河流域文明發明圖象符號（印度河文字）；西元前一千五百年左右，中國文明發明「甲骨文」。日本現在使用的漢字，就是源自於甲骨文。

促進文明蓬勃發展的紙張、印刷技術、羅盤等發明

除此之外，還有一些發明促進文明發展。

西元前二〇六至二〇八年，中國發明「紙」，七世紀左右發展出「雕版印刷技術」，可將文字印在紙上，讓更多人看到資訊。這就是現在「書籍」最早的原型。

此外，十一世紀中國發明出「羅盤（指南針）」。西元前三百年左右，中國已知浮在水面上的磁石永遠指向北，利用這項特性製作出指引方向的工具，將磁石做成的針放入水裡確認方位。中國發明的羅盤後來傳入歐洲，將羅盤結合精準的時鐘製作技術，帶領歐洲各國航向未知的大海，尋找陌生的土地，展開了「大航海時代」。

不僅如此，包括農耕、動物家畜化等確保食物來源的努力、使用青銅器和鐵器等金屬用具、政治結構與公共事業的想法等，文明的發展帶動無數發明的誕生。上述的發明如果缺少了任何一項，我們現在的世界將呈現截然不同的樣貌。

知識小專欄　發明源自於「需要」這個想法

各位有聽過「需要為發明之母」這句俗諺嗎？這句話的意思是，發明通常來自於人們的需要。事實上，為了改變不方便的現狀，人們發揮巧思、絞盡腦汁，發明出許多新用品。尤其是古代的工具和技術都很少，生活上有許多需求，促進了各式各樣的發明。

或許唯有身處在不方便的環境之下，才容易誕生新的發明。當你發現周遭不方便的地方，就會思考怎麼做可以更便利，於是就有可能發明出新物品。

蒸汽機的發明引發工業革命

蒸汽機的發明是工業革命的契機

農耕與漁獵是支撐古代人類生活的產業，初期經濟活動的中心是農業和漁業等第一級產業；後來出現了礦業、建築業、製造業等第二級產業；如今建構我們現代生活基礎的商業、服務業、資通訊業、運輸業等第三級產業成為主流。

這樣的產業變化其實也與發明息息相關，最明顯的例子是一七六〇年左右，以英國為中心掀起的「工業革命」，投入大量化石燃料與資本進行工業化。

使用化石燃料的「蒸汽機」發明之後，大幅推動了工業革命的進展。蒸汽機指的是燃燒煤炭將水煮沸，產生水蒸氣，再利用水蒸氣的熱能轉化為動能。以人類和牲畜的動能或是燃燒木柴這類的生質能源為能源來源，難以產生龐大的能量，有別於此，煤炭與石油等化石燃料能夠產生的能量則十分可觀。

一七一二年，英國誕生了全世界第一座蒸汽機。詹姆斯・瓦特加以改良，在一七七六年製作出功能非常完整的蒸汽機。

在使用煤炭等化石燃料的「蒸汽機」發明之後，大幅增加了可以運用的能量，製造的技術和效率也呈現突破性成長。

產業中心從第一級產業轉變至第二級產業，產業量能也迅速擴張，完全改變了人類生活。

▲蒸汽機的發明對於後來的製造業和公共運輸的發展有著極大貢獻。

蒸汽火車與蒸汽船等交通工具陸續登場

蒸汽機的發明促進了交通工具與公共運輸的發展。

一八〇四年，使用蒸汽機動力的蒸汽機車（蒸汽火車）「潘尼達倫號」問世。此後很長一段時間，隨著鐵路網的發達，蒸汽機關車是人們最主要的代步工具。

一八〇七年，美國的羅伯特・富爾頓發明了蒸汽船「北河號」（克萊蒙特號）。

一八八六年，德國的卡爾・賓士發明了使用蒸汽機的汽車。

飛機則是在幾年後，也就是一九〇三年登場。美國的萊特兄弟是全世界第一個完成載人飛行器的發明家，實現了人類「在空中飛翔」的夢想。

所幸有發明家發明了使用蒸汽動力的公共運輸與交通工具，人類可以更快速、更便宜、更大量的運輸貨物或來往於世界各地。

▲萊特兄弟的發明促進了現代高性能飛機的開發。

工業革命時代 發明了各式機器與用具

不僅如此，工業革命時代還發明了許多機器，提升人們的工作效率。

除了蒸汽機，開創英國工業革命時代的重要發明，還包括由機器紡紗與織布的「紡紗機」和「動力織布機」。過去需要數百人才能完成的工作，如今只要一台機器就能完成，大幅提升生產力。這些機器的發明得以製造出便宜又大量的絲線和布料，促進棉紡織業的發展，成為工業革命的核心。

此外，疫苗、罐頭、冰箱、牛仔褲、電池等發明，也是工業化風潮下的產物。十八到十九世紀，世界各國紛紛工業化，發明出許多新商品流傳至今，進化成現在我們每天使用的便利物品。

影像來源／Science and Society Picture Library

▲理查・阿克萊特發明的「水力紡紗機」。

電腦和網路的發明掀起資訊革命

網路將全世界的人類串聯在一起

發明的力量也改變了人們收發資訊的方法，資訊傳遞方式包括口耳相傳、紙筆與電話等，隨著發明演進，資訊傳遞的方法也截然不同。二十世紀更出現了電腦和網路等劃時代的發明。

各位現在遇到自己不清楚的事情，應該都會上網搜尋。發現自己不知道的事情時，除了看書解惑或請教他人之外，還能隨時上網搜尋，真的很方便。

一九四六年在美國發明的「埃尼阿克」（ENIAC）電子計算機，是全世界的第一台電腦。不過，「埃尼阿克」的重量超過三十公噸，不是一般家庭可購買使用的商品。適合一般消費者購買的「個人電腦」（Personal Computer）則是要到一九七七年才上市，那是由蘋果公司推出的「Apple Ⅱ」。從此之後，個人電腦持續提升性能，售價一路調降，變成人人都買得起的必需品。

一九六〇年，能夠串聯全球電腦的「網際網路」被發明出來，一九八八年更進化為每個人每天都能使用的便利服務。

後來，一九九〇年代，第一個搜尋引擎（類似現在的「Google」透過網路執行的搜尋系統）登場，使用者可以從散布在網路上的各種資訊，很快找到自己想了解的資訊。上述發明幫助我們很快找到各種資訊，或與世界上的其他人聯絡，真的非常方便。

▲世界第一台電腦「埃尼阿克」是由兩名科學家約翰．莫奇利與普雷斯波．艾克特發明出來的。

最新資訊機器的發明 讓我們的生活更便利

支援電腦技術開發的通訊設備和資訊處理技術急速發展，大幅改變了我們的生活與社會型態，資訊處理設備至今仍持續進化。提到我們每天都會用的資訊設備，首先想到的肯定就是「智慧型手機」。第一支智慧型手機在一九九二年發售，但一直到二〇〇七年iPhone上市後才開始普及。智慧型手機不只能打電話，還能上網找資料、找路與購物，用途相當廣泛。最近還推出了可以聲控的「智慧音箱」，以及像手錶或眼鏡般戴在身上使用的「穿戴式裝置」。這些最新資訊設備的發明，讓我們的生活越來越便利。

我們的生活 建構在「發明」的基礎上

誠如前方所述，我們現在使用的物品和用具都是前人發明的成果。舉例來說，各位現在正在閱讀的「書」也是前人的發明。紙是在西元前二世紀發明的，從那之後人們便發明出許多不同的書籍形式。現在的書籍都有封面，裡面則是以活字印刷的紙，這類形式直到很久以後才出現，十五世紀在德國出版的《古騰堡聖經》就是最典型的一個例子。這本書運用了到目前為止介紹的「文字」、「紙」和「印刷技術」等各種發明。不僅如此，最近除了紙本書之外，可以用平板電腦閱讀的「電子書」也越來越普及。

「文明利器」指的是文明創造出來的便利機器或工具。我們的生活周遭充滿著各式各樣的文明利器。各位不妨拿起身邊的物品，試著調查一下它是怎麼被發明出來的，相信一定會很有趣。發明不只能讓人類的生活更便利，也促進了科學發展。人類的生活可以說是隨著發明一起進步。

新品種圖鑑

要仔細拔乾淨喔。
要是沒有連根拔除，馬上又會長出來了。
對了！我有要緊的事得做!!
我也有重要的事得做!!
喂……那誰要拔草啊？
會被媽媽罵啦。
我有要緊事……
我也有！
你有什麼事啊？
那你咧？

聽說有人在喜馬拉雅山發現了新品種蝴蝶。
哇！好稀奇的圖紋喔。
「新品種」是什麼意思啊？
就是至今仍未被發現的動、植物啊。
你應該有聽過西表山貓，還是灰胸秧雞之類的吧？
咦？發現新品種會成為世界性的大新聞啊？
我所謂的要緊事，
就是找出新品種來。
這隻……只是一般的紋白蝶嗎？
如果是白色的紋黃蝶，就是新種了……
我要找出新品種，揚名國際。
要是那麼簡單就找得到，哪裡能成為大新聞啊。
真是個大笨蛋。

發明家養成器Q&A

Q 下列哪一項是誕生於日本的發明？①自動剪票機 ②電動自行車 ③水性彩色筆 ④以上皆是

A 以上皆是。這些全都是日本發明家或日本公司率先發明出來的。

「發現」也可以申請專利，這是真的嗎？

※昆蟲大圖鑑

※窣窣

A 假的。例如「發現」自然法則，既無法壟斷，也沒有專屬使用權。不過，發現者可以用自己的名字命名。

Q 不打算製成商品或推出的服務也能登錄商標，這是真的嗎？

我家怎麼了？
我只是想去你家打擾一下……
廚房？
我要去山上抓蟲。
要幹嘛就自己進去吧。
居然不知道新品種就在你家。
哇！一下子就抓到這麼多。
我要拿到學界去發表。
忘了拿捕蟲盒。
啊！
啊！
他們吵起來了。
把牠放走就會恢復原狀了。

A 假的。只有預計上市販售的商品或實際提供的服務，才能登錄商標。

什麼是發明？

「發現」與「發明」有何不同？

在前面的章節中，我們知道人類的生活受惠於「發明」而越來越便利，事實上，「發現」也同樣促進了人類的生活。舉例來說，人類發現了可以吃的植物以及如何用火，還有哥白尼主張的「地動說」，這些全都是發現。我們常將「發明」與「發現」混為一談，其實這兩者意義不同。

首先，「發現」是指看到過去從來沒見過的事情，或是察覺到大家不知道的事情，主要是用在發現原本存在於自然界的事物或法則。另一方面，「發明」則是利用自然法則之技術思想，創造出前所未有的工具、機器、裝置、方法與技術等等。

這裡以「微波爐」來做說明，在美國雷神公司工作的珀西・勒巴朗・斯賓塞（Percy Lebaron Spencer）「發現」到微波（電磁波）可以用來加熱食物。之後經過雷神公司持續的研究，終於在一九四五年開發出利用微波加熱食物的全新家電「微波爐」，這就是「發明」。剛發明出來的微波爐體積比冰箱還大，後來逐漸小型化，演變成現在家家戶戶不可缺少的廚房家電。

此外，發明品普及社會、改變世界的現象則稱為「創新」，是現代生活的重要元素。

「發現」與「發明」密切相關

還有許多因為發現而產生新發明的例子，美索不達米亞文明的古巴比倫尼亞人發現太陽照射下的影子長度和位置，會隨著時間流轉變化，因此利用這項大自然法則，發明了「日晷」。反過來說，也有許多新發明的機器與技術，讓人類有了新發現。一五九〇年發明的「顯微鏡」，就是人類發現霍亂弧菌等細菌的重要功臣。

▲將一根竿子立在地上，只要從竿影長度和位置就能判斷時間，這就是「日晷」。

法律承認的「發明」的定義

發明指的是利用自然法則之技術思想，創造出前所未有的新物品或新方法，事實上，法律對於發明也有明確定義。在日本，保障發明的法律稱為《特許法》，其中定義「本法稱『發明』者，謂利用自然法則技術思想之高度創作」。這段文字讀起來有些難以理解，接著來解讀其中的意思吧！

「自然法則」是存在於大自然的科學法則。因此，利用人類想出來的法則，例如計算方法或遊戲規則創造出的新物品，不能算是發明。

「技術思想」指的是任何人都能依相同的方法做出相同結果的事物，有鑑於此，繪畫等美術品、投球技巧等運動技術，都不是法律認可的發明。

此外，「創作」是指創造新事物的意思，與發現有所區別。最後，「高度」指的是並非所有人都能想得到的意思。滿足上述所有條件就是法律認可的「發明」。

知識小專欄

達文西的筆記本滿載出色的發明創意

大家看過《最後的晚餐》、《蒙娜麗莎的微笑》等畫作嗎？這些畫作都出自達文西之手。事實上，達文西也是很知名的發明家，想出許多發明點子。

達文西不只是多產的畫家，也是很厲害的工程師和科學家，並具備豐富的醫學知識。他平時做筆記的記事本中，記錄了許多想法，包括直升機、汽車的結構，還有投石機、大砲、槍、戰車等插圖。記事本中大多數內容都是左右相反的鏡像文字，看起來好像暗號一樣。不過，達文西的創意究竟曾嘗試或執行到什麼程度，我們無從得知。以當時的技術來說，許多創意應該都做不出來，可能大多數只有想法，並未實現。如果達文西活在現代，很可能會是一名偉大的發明家。

什麼是「專利」？

「專利權」可以保障你的發明

假設有一天你發明了一個東西，卻馬上被其他人剽竊，你會怎麼想？你可能會覺得投入發明的時間與金錢都白費了，也不想再創造新發明，說不定還會想「以後不再公開自己的發明」了。為了避免這一點，日本政府制定了《特許法》保障發明者的智慧財產權，台灣的稱為《專利法》，各個國家也都有制定相關的法律。當發明者為自己的發明取得專利權，除了公告周知之外，政府也保障發明家在一定期間內擁有該項發明品的壟斷權（專利權），其他人都不能隨意複製與製造。如此一來，新發明就能夠受到專利權的保障，如果有人想將該項發明做成商品販售，就必須向發明者取得授權，支付使用費。專利制度讓大家可以放心的投入時間與金錢，將自己的創意發明出來。

公開最新發明 也是特許法的職責所在

話說回來，不是所有發明都能取得專利。在日本，想要取得專利不僅要滿足幾項條件，還要向特許廳（相當於台灣的經濟部智慧財產局）提出書面申請。這個步驟稱為「發明申請」。經過特許廳的審查和許可後，專利權才會成立。順帶一提，如果有多人提出相同內容的專利申請，特許廳會承認第一個提出的申請者，稱為「先申請主義」。

申請書的內容必須詳實填寫，清楚說明發明品的構造，方便其他人理

▲創意、巧思和靈感都是有價的財產，因此需要法律保障。

解。特許廳會公開發明品的構造，任何人都能瀏覽。這麼做是為了讓發明貢獻社會，也是特許法的職責所在。

「智慧財產權」有助於保障各種權利

包括專利權在內，將任何人想到的東西、創意與技術視為財產，在一定期間內給予獨占權的權利，統稱為「智慧財產權」。日本的智慧財產權中，將「特許權」（發明專利權）、「意匠權」（設計專利權）、「商標權」、「實用新案權」（新型專利權）等四大權稱為工業財產權，內容各有不同。

●**意匠權**　鞋子、衣服、電器、汽車等，日常生活中常用物品的外觀設計稱為「意匠」。意匠權可以保障自己創造出來的新設計，不會被其他人模仿。意匠權保障的是工業上可以利用與量產的設計，藝術品這類獨一無二的作品不在保障對象之列。

●**商標權**　使用在商品與服務上的明顯標記稱為「商標」，是商標權保障的對象。不只是名稱與商標，包括文字、圖形、記號、聲音、形狀等，也屬於商標。舉例來說，電子錢包「WAON」的聲音、「MONO橡皮擦」藍白黑的三色設計等，都是登記有案的商標。

●**實用新案權**　「實用新案權」保障的是與物品形狀、構造、組合等有關的「想法」。實用新案並非專利這類前所未有的新物品或方法等發明，而是將現有事物改良成更好用的巧思與創意。舉例來說，鉛筆本身是一種「發明」，但做成好持握的三角形或在尾端加上橡皮擦，都屬於實用新案。

知識小專欄

保障文章、繪畫、音樂等的「著作權」

「智慧財產權」還包括「著作權」。著作權指的是任何人都不得擅自影印與使用書籍、漫畫、論文、繪畫、音樂、照片、電視節目等作品的法律。各位如果自己繪製哆啦A夢或大雄，純屬娛樂沒有任何問題，但若公開販售或用於營利，就會違法，絕對不能這麼做。專利權需要發明者提出申請通過才生效，但著作權是從作品完成的那一刻起自動產生的權利，而且在作者逝世後，還能延續七十年。例如夏目漱石、芥川龍之介等著作權已經逾期的作家作品，就可以在網路的「青空文庫」網站免費自由瀏覽。

專利權是從什麼時候開始出現的？

話說回來，專利法是從何時開始制定的？全世界第一部專利法是一四七四年義大利的《發明家條例》，此後，一六二四年英國、一七九〇年美國與一七九一年法國都制定了專利法。從第一部專利法制定經過四百多年後，日本才在一八八五年頒布了《專賣特許條例》。

日本為什麼這麼晚才制定專利法呢？因為日本從一六三九年到一八五四年間實行「鎖國」政策，禁止與外國商人從事任何貿易。在那段期間的一七二一年，幕府甚至頒布了《新規御法度》，禁止任何新技術和改良方法，以維持節約風氣，避免社會樣貌產生變化。換句話說，政府嚴禁百姓構思新發明。

▲江戶時代頒布的《新規御法度》，禁止民眾發明新設計的衣服、工具、甜點等。

直到開國之後，百姓可以自由研究新發明，也能從外國引進新技術，才開始出現新的改良方法與技術。住在東京府的堀田瑞松發明的「防鏽塗料與塗法」（堀田錆止塗料及其塗法），是日本第一個取得專利的發明。

此外，一九五九年訂定了「專利存續時間的限制」。如果讓過去的發明擁有永久專利權，就會影響新發明的誕生，因此日本政府認為，專利權從申請日起，只有二十年效期（台灣的也是二十年）。

取得專利要滿足許多條件

先前為各位介紹過專利法定義的「發明」，不過，即使是專利法認可的發明，也不代表所有發明都能夠拿到專利。想要取得專利，必須滿足一些必要條件，詳情如下。

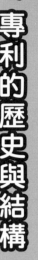

首先，想要取得專利的發明必須對產業的發展有幫助，這是因為專利法最初是為了促進「產業發達」訂定的。此處所說的產業不只是工業與農業，還包括運輸業等行業。此外，發明必須是過去沒有的「新事物」。已經在電視節目、書籍、網路公開過，或是已經在店面販售的發明，無法取得專利權。

「不是人人都能想到的簡單事物」也是條件之一。如果只是將洗髮精瓶身的結構運用在洗碗精的瓶身上，這類稍微變動既有發明的設計，就沒有辦法申請專利。唯有「不是人人都能想到的簡單事物」才會需要法律的保障。

另外還有一項必須符合條件，那就是「不能是違反社會善良風俗的發明」。例如製造違法藥物的技術或者是印製偽鈔的機器等，發明這類法律禁止的物品時，也不能夠申請專利。

▲與犯罪有關的發明都不能申請專利。

唯有符合上述條件並且通過審查的發明，才能取得專利權。

只要上網就能查到各項專利資訊

前面已經提過，所有取得專利的新發明相關資訊都會公開發表。日本的專利資訊都公布在「J-PlatPat」（日本專利資訊平台）上，任何人都能免費查詢。各位可在平台上查詢過去登錄的所有專利，找到各專利使用的技術與構造等相關資訊、國外專利相關情報，還能確認申請案件的審查過程。

不過，搜尋時必須輸入關鍵字或專利登錄號碼，各位請務必事先決定好想要搜尋的內容，才能順利找到自己想知道的資訊。這個網站不只是專利，還能尋找意匠權、商標權和實用新案權等相關內容。在台灣，如果想要搜尋相關的專利資訊，則可以上「中華民國專利資訊檢索系統」查詢。

J-PlatPat（日本專利資訊平台）
https://www.j-platpat.inpit.go.jp/
中華民國專利資訊檢索系統
https://twpat.tipo.gov.tw/

放射線槍

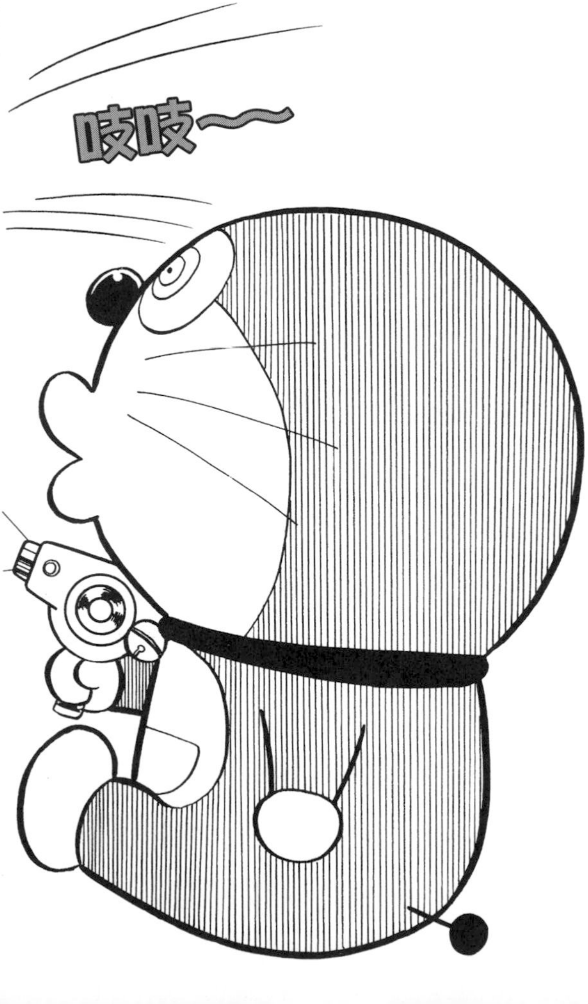
吱吱~~

現在說什麼都沒用！
爸爸那個頑固個性……
這個世界明明每天都在進步。
他卻一點也不想努力追上。
那樣只會被世界潮流淘汰而已。
你究竟想說什麼？
就是收音機啦！
你看，現在哪有人還在用十年前的東西啊？

進化退化

現在的收音機都附有很多功能，例如FM、AM、錄音帶等。
我叫爸爸買新的給我，你猜他說什麼？
收音機只要能夠收聽廣播就夠啦！
有這種古板父親，真是孩子的不幸。
雖然你說了長篇大論……
你該不會只是想要一台新的收音機吧！

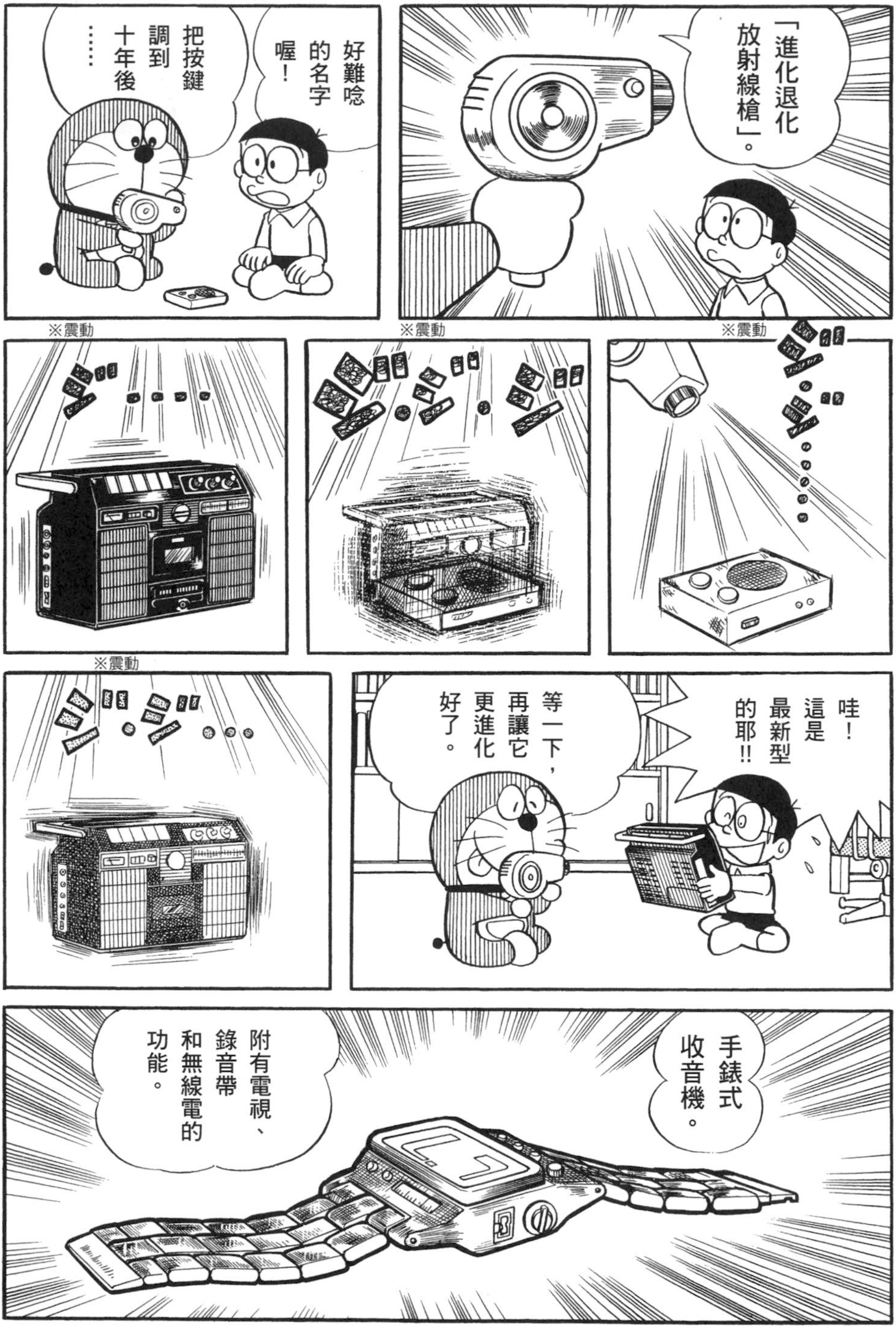
「進化退化放射線槍」。
好難唸的名字喔！
把按鍵調到十年後……
※震動
※震動
※震動
※震動
哇！這是最新型的耶!!
等一下，再讓它更進化好了。
手錶式收音機。
附有電視、錄音帶和無線電的功能。

發明家養成器Q&A
Q 發明墨水會消失的原子筆的是日本公司，這是真的嗎？

這種款式一定沒有人有。
♪
這個道具也可以將物品退化喔！
你再借我一下。
※震動
※震動
※震動
這是收音機剛發明時的樣子。
真的很有趣耶！
我也來讓什麼東西進化好了。
鉛筆。
這是什麼東西？
可印刷一萬字的縮影膠卷
麥克風
三稜鏡
墨水匣
電池
馬達
燈泡
鏡頭

A 真的。字跡可擦拭的「魔擦鋼珠筆」是由日本的百樂公司開發，於二〇〇六年販售的商品。

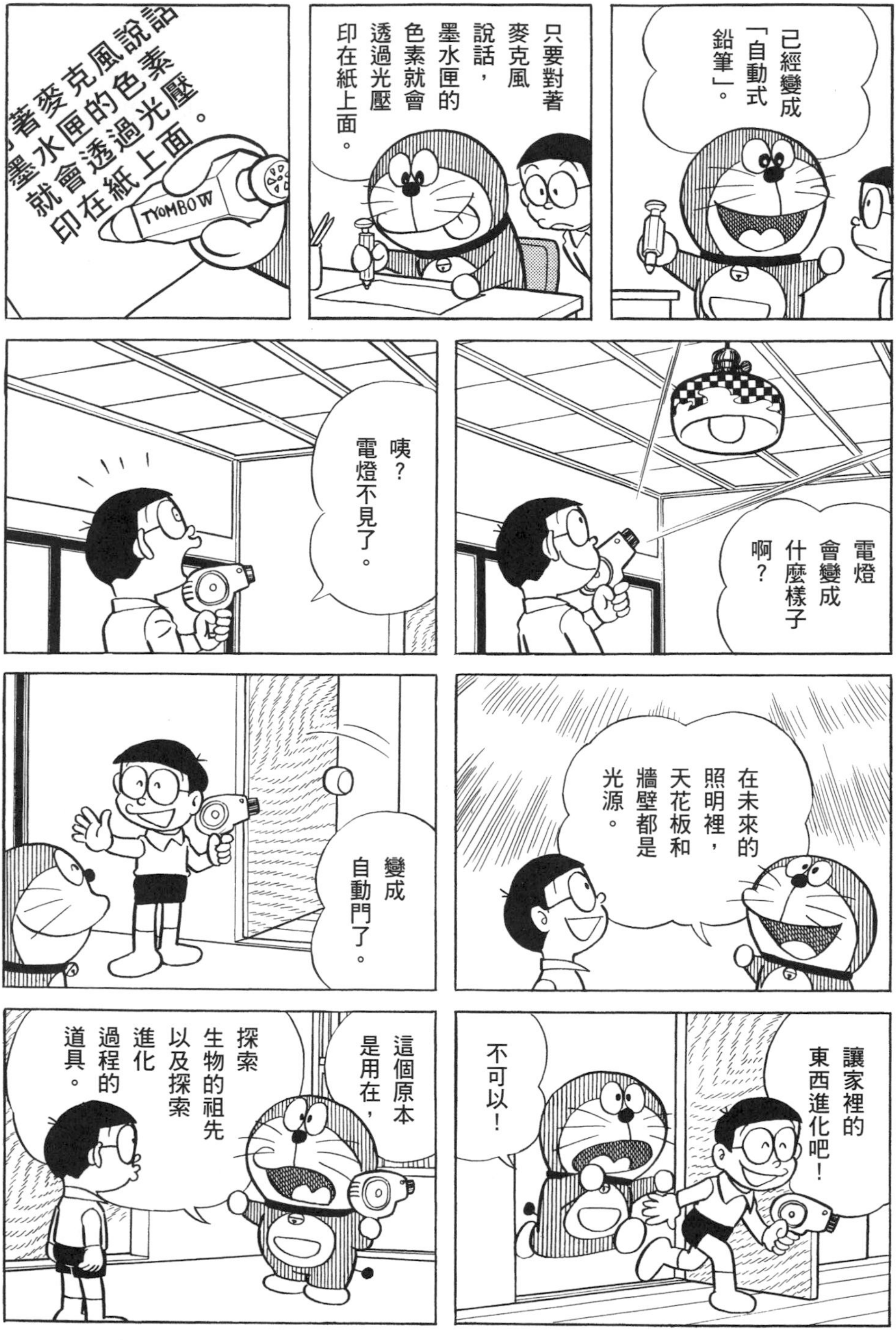
已經變成「自動式鉛筆」。
只要對著麥克風說話，墨水匣的色素就會透過光壓印在紙上面。
著麥克風說話墨水匣的色素就會透過光壓印在紙上面。
TYOMBOW
電燈會變成什麼樣子啊？
咦？電燈不見了。
在未來的照明裡，天花板和牆壁都是光源。
變成自動門了。
讓家裡的東西進化吧！
不可以！
這個原本是用在，
探索生物的祖先以及探索進化過程的道具。

發明家養成器Q&A

Q 「うま味」（鮮味）一詞在外國也通用，這是真的嗎？

A 真的。「うま味」是日本獨有的名詞，外國多以羅馬拼音「UMAMI」直接使用，台灣則稱為「鮮味」。

我去找找看有沒有動物。
話雖這麼說，
我也不知道去哪裡找。
這個應該可以吧！
救命啊！
對喔！哆啦A夢會怕老鼠……
算了，我自己來做。
進化幾千年、幾萬年。不，先讓牠退化，
看看老鼠的祖先吧！
吱吱。
牠的身體好像越變越大了。
嚙齒類的祖先，松鼠和兔子就是從這裡分支出去。
哺乳類的祖先，大概是在兩億年以前，從爬蟲類進化而成。

發明家養成器Q&A

Q 全球第一座自動販賣機賣什麼商品？①茶 ②水 ③果汁

A ②水。西元六十年左右埃及發明了自動販賣機前身的機器，只要投入硬幣就會流出「聖水」。

發明家養成器Q&A

Q 用來管控交通的交通號誌，一開始就是以電力啟動的，這是真的嗎？

終於 跑掉了。

是怪獸 !!

這⋯這是 什麼？

哆啦 A夢！

是恐龍！

是 大蜥蜴！

該怎麼辦？

引起 大騷動 了。

讓捕鼠器 進化 看看！

A 假的。一八六八年英國設置全世界第一座交通號誌，當時使用瓦斯燈，而且是手動開關。

喜好箱

嘿咻嘿咻！
嘿咻！
哈啾。
我知道原因。
什麼？
胖虎家的暖爐壞掉了。
他不滿只有自己冷得要命，所以硬拖我們下水。
好過分喔。
我有事要先回去。
你說什麼？
※踢
コテーン
沒用的傢伙給我滾回去。
大家一起嘲笑他哈哈哈哈。
哈哈哈。
哈哈……哈啾……

發明家養成器Q&A

Q 用來檢查胃部的「胃鏡」（內視鏡）是日本發明的，這是真的嗎？

A 真的。一九四九年，日本的奧林巴斯光學工業（現在的奧林巴斯）成功開發出胃鏡，並加以實用化。

這是電視？
變成電視。
※登登
哇～雖然小，可是畫面很清晰耶。
不過……
這個時間沒有什麼好看的節目。
※喀喳、喀喳
那就放唱片來聽吧。
變成黑膠唱片機。
哇！
這個箱子什麼都能變耶。
※音樂聲
只要是四角形的都可以。

變成相機。
※喀嚓、登、啪
真的能拍耶!!
把剛剛的髒衣服給我。
變成洗衣機。
※叩噹、叩噹、叩噹
怎麼樣？很乾淨吧？
喂。
有沒有看到我的打火機啊？
請用。

發明家養成器Q&A

Q 「點字」的靈感來源是下列哪一項？①象形文字 ②拼圖 ③密碼

A ③密碼。靈感來源是軍人間使用的密碼，以十二個點組成有意義的文字內容，傳送出去。

我一點都不覺得冷。
儘管下雪吧……
コト
※叩咚
這是什麼？
喔！好溫暖喔，原來是暖爐。
媽媽！
我拿暖爐回來了。
反而變得比剛剛更冷了！
我把它變成冷氣了。

第3章　發明建構了我們的生活基礎

學校裡也有發明，趕快找找看！

「教室」裡的發明品是你學習的好幫手？

接著一起來探索我們身邊的各種物品，看看是從何時誕生的？又是如何被製造出來的吧！事實上，各位的學校裡也有許多發明品。我們先從教室開始找起，了解這些發明的起源吧！

●鉛筆

鉛筆是我們在學校學習不可或缺的文具，大家的鉛筆盒裡一定都有鉛筆吧？

鉛筆之所以稱為「鉛」筆，是因為一五六〇年代，人們在位於英國坎伯蘭的博羅代爾礦山發現了石墨礦，石墨又稱為黑鉛，是一種碳質元素結晶礦物。人們發現石墨可以在羊皮紙或紙張上清晰書寫文字，因此開始拿它來寫字。為了避免弄髒手，將石墨夾在木頭裡，這就是鉛筆的起源。

到了十九世紀，法國開始改良鉛筆，將石墨與黏土混在一起，燒製成不易折斷、質地強韌的筆芯，並且陸續研發「B」、「2B」等筆芯硬度不同的鉛筆。

●美工刀

美工刀的特性是刀刃可以折斷更新，事實上，這個特性的發明靈感來自某種常見的甜點，各位知道是什麼嗎？答案就是板狀巧克力。折刃式美工刀是一九五六年日本的岡田良男發明出來的，他是從掰成小塊食用的板狀巧克力獲得靈感。岡田也因為這項發明將他成立的「岡田商會」改名為讀音近似日文「折刃」

▲以板狀巧克力為靈感的偉大發明，發明的靈感就在我們身邊。

的「OLFA」，持續製造與販售美工刀這項商品。各位下次使用美工刀的時候，不妨也在腦中想像一下掰開板狀巧克力的感覺吧！

●粉筆

老師上課時使用的粉筆，是一八七二年從美國帶進日本的，日本政府也在這一年宣布實施「學制」，成為現今學校制度的基礎。粉筆的原料是白堊，這是一種石灰岩，十九世紀初的英國人發現它可以用來畫線。後來法國人將石灰岩粉末燒過後溶於水中凝固，這項發明成為現在粉筆的前身。

> **知識小專欄**
>
> **人類從何時開始使用「書包」？**
>
> 現在大部分的學生都還是每天背著書包上學，其實書包是日本特有的發明，歐美的學生幾乎不背書包。書包的起源是日本學習院大學初等科的學生，將士兵背的運輸包「背囊」當成上學包使用。書包的日文「ランドセル」則是取自荷蘭文的背包「ransel」，至於現在的書包形式是在 1887 年出現的。時任總理大臣伊藤博文，為了慶祝皇太子（後來的大正天皇）進入學習院大學初等科就讀，送了一個方形皮革製包包，據說這款包包就是後來日本書包的原型。

老師們也在「教職員室」使用各種發明品

接著來看看老師們使用的文具和用具等發明。

●自動鉛筆

只要按壓自動鉛筆的尾端或搖晃筆桿，筆芯就會自動伸出，這是自動鉛筆的特色。

自動鉛筆在一八三八年於美國問世，當時的設計是旋轉筆桿就能將筆芯轉出來，稱為「旋轉式自動鉛筆（旋轉出芯）」。一九一五年，日本推出第一支國產自動鉛筆，那是「早川兄弟商會金屬文具製作所」的早川德次販售的「早川式繰出鉛筆」（旋轉式出芯自動鉛筆）。自動鉛筆的日文為「シャープペンシル」，取自和製英語「sharp pencil」，早川德次後來將公司名稱改為「SHARP」，也就是現在以電器聞名的夏普公司。

現在最常見的「按壓式」自動鉛筆是一九六〇年日本

的「大日本文具」（現在的Pentel）所發明，後來成為自動鉛筆的主流。

●釘書機

釘書機的用途是固定多張影印紙（講義、資料），也是學校常用的文具。

目前還不清楚釘書機究竟由誰發明，但一般認為，原型應該出自十八世紀的法國。十九世紀之後，人們使用紙張的數量變多，釘書機持續開發改良，取得多項專利。

另外也在此提供一個冷知識，釘書機在日本稱為「ホチキス（hotchkiss）」，英文卻是「Stapler」，

▲第一批進口至日本的釘書機上寫著「HOTCHKISS」字樣，因此日本才將釘書機稱為「ホチキス」。

為什麼會有如此大的差異呢？那是因為當初首次進入日本市場販售的釘書機是美國HOTCHKISS公司的製品，所以日本人便將HOTCHKISS當成釘書機的名稱，普及於日本社會之中。

●影印機

影印機的功能是迅速複印同樣的書面文件，相信各位都曾在便利超商使用過。

自古就有「謄寫」的技術，將一張白紙放在寫有文字的紙張上，再用筆照著描一遍。一八〇五年，專門用來複寫的「複寫紙」問世。而將這樣的複寫作業機械化，便是影印機的起源。蒸汽機的發明者詹姆斯・瓦特在一七七九年發明出全球第一台影印機，使用容易吸墨的紙作為複印原料。

現代影印機利用靜電將文件內容複印在普通紙上，源自於一九五九年美國發明的全錄影印機。利用靜電的吸附原理，完成顯像與複寫等影印作業。

各位不妨回想一下學校裡還有哪些文具和用具，一定還能發現各種不同的發明。遇到自己感興趣的物品，調查了解該物品的發明歷史也很有趣喔！

家裡就是便利發明的寶庫！

隨著科技進步，生活越來越便利有趣！

拜各式發明之賜，我們的居家生活才能如此舒適又方便。尤其是現代家庭都有許多家電用品，減輕生活和做家事的負擔。我們日常使用的家電，也運用了不少最新科技。

●洗衣機

在洗衣機被發明之前，你知道人類是如何洗衣服的嗎？有的用手搓揉，有的用腳踩踏來清洗衣服和布料。

▲以前都用洗衣板洗衣服，十分耗體力，相當辛苦。

一九〇八年，美國阿爾瓦・約翰・費雪發明了全球第一台使用電力運轉的洗衣機；日本首次販售的電動洗衣機則是由芝浦製作所（現在的東芝）於一九三〇年問世的商品。後續介紹的日本第一台冰箱和吸塵器，也是東芝的產品。

●冰箱

如果沒有冰箱，就無法長期保存食物。我們可以在炎熱夏季暢飲冷飲或享受冰淇淋，也是拜冰箱所賜。

人類從很早以前就知道可以用冰來降低食物溫度，但一直到一八三四年，使用電力的冰箱才問世。美國的雅各布・帕金斯開發了一款製作冰塊的冷凍機，這就是冰箱的前身。

日本在一九三三年推出首款國產冰箱，逐漸普及於一般家庭之中。一九五〇年代，冰箱、黑白電視和洗衣機並稱為「三大神器」，成為人人都想擁有的家電。

●吸塵器

各位家裡使用哪一種吸塵器？是吸力強的氣旋式吸塵器、充電式吸塵器，還是掃地機器人？

全球第一款電動吸塵器是一八五八年美國人赫里克發明的「地毯清掃器」；一八九九年美國奇異公司（General Compressed Air & Vacuum）發明了真空吸塵器，利用馬達與風扇旋轉將空氣壓出去，與周遭空氣形成壓力差距，吸附灰塵與碎屑。如今許多吸塵器都使用這項結構與原理。

掃地機器人在這幾年的市占率越來越高，吸地時會自動避開人與物品，十分方便。連結智慧型手機之後，使用者不在家也能遠端遙控，有些機種甚至可以自動清理吸附的灰塵碎屑，功能一年比一年更進步。

●家用遊戲機

相信許多人都曾經跟朋友家人一起打電動，讓家用遊戲機走入一般家庭的幕後推手，是一間很有名的日本公司。

一般民眾玩到的第一款電子遊戲是一九五八年發明的《雙人網球》，這款遊戲利用按鈕的操作來回打擊模擬網球的光點。此後，世界各國紛紛投入電子遊戲的開發，這些遊戲機大多擺放在遊戲中心或咖啡館等人潮聚集處。

一九八三年，日本任天堂公司推出被暱稱為「紅白機」的Famicom（Family Computer）。在此之前雖然也有其他家用遊戲機問世，但紅白機是第一款暢銷機種。任天堂將遊戲機帶入家庭之中，創造出在家裡玩電動的娛樂文化。

天天吃的「食品」也因發明不斷進化

我們每天吃的食品也有各種發明巧思，有些加熱就能吃，有些則能長期保存。接下來為各位介紹一些方便好吃的食品發明。

●鮮味調味料

鮮味調味料指的是，使用「鮮味」成分麩胺酸的調味商品。只要加一點點在料理中，就能增加菜色鮮味，讓食物吃起來更加的美味。相信許多人的家裡都曾經使用過或是看過。

味覺分成酸味、甜味、苦味、鹹味和鮮味等五種。昆布是日本自古就有使用的傳統食材，日本人池田菊苗研究昆布，成功萃取出麩胺酸，發現了「鮮味」的存在。而且也發明出使用麩胺酸的鮮味調味料「味之素」。

●瓶裝商品、罐頭食品

許多家庭都會購買罐頭食品以備不時之需，瓶裝與罐頭食品是長久以來家家戶戶都有的耐保存食品。在古老的年代，人們會將食物晒乾或以鹽醃漬，延長保存期限。

瓶裝商品是在一八〇四年被發明出來的，法國的尼古拉·阿佩爾將加熱過的食物放進玻璃瓶裡，然後以軟木塞密封後再次加熱，他想出了這個可以長時間保存食物的方法。

十六年後，英國人彼得·杜蘭想出將食物放進薄金屬罐子裡，取代又重又容易破裂的玻璃瓶，這就是罐頭的起源。

▲阿佩爾發明的瓶裝食品受到當時法國皇帝拿破崙的採納，用來保存食品，也普及於一般家庭之中。

●即食調理包

各位吃過大塚食品的「Bon Curry」調理包嗎?事實上，「Bon Curry」是第一款專為一般家庭販售的即食調理包。

和瓶裝及罐頭食品一樣，即食調理包也能長期保存，連同袋子一起加熱即可食用，原本是以軍隊糧食為目的開發的。後來，日本的「大塚食品工業」開始研究即食調理包，開發出適合一般家庭的產品。據說最先是一名員工看到美國專門介紹包裝材料的雜誌上，刊載了一張以真空袋包裝的香腸照片，方便民眾隨身攜帶，隨時享用，因此獲得開發靈感。一九六八年成功開發出「Bon Curry」，上市大約五年後，每年銷售量突破一億包，成為家喻戶曉的暢銷食品。

各位家中存在著許多讓家庭生活更輕鬆、更舒適的智慧發明，不妨想想看家裡還有哪些家電和食品，讓你的生活更加便利，或許你也能從中察覺新的發明靈感。

路上常見的各種發明

「交通工具」的發明 讓人走得更遠更快

我們生活周遭可以看到各種不同的「交通工具」，如果沒有交通工具，我們想去任何地方，只能靠雙腳走路。發明交通工具，蘊含著人類想要走得更遠、走得更快的心願。

●自行車

各位是幾歲時學會騎自行車的呢？可能有人小時候還騎過沒有踏板的自行車。事實上，一八一七年在德國發明的第一輛自行車，就是沒有踏板，必須靠雙腳踏地往前推才能移動。

一八三九年英國開發出第一輛踩踏板往前進的自行車。早期的自行車就像右下方照片所示，前後輪尺寸完全不同。當時尚未發明出使用鍊條和齒輪調整速度的方法，只能放大其中一個輪子的尺寸，才能加快速度。直到一八八五年才製造出兩個車輪一樣大的自行車，後來發明了可以打入空氣的輪胎，提升騎乘時的舒適性，騎起來就像現代的自行車。

●汽車

各位是否曾經在電影或觀光勝地，看過人力車或馬車？過去利用人力或馬匹牽引的台車，添加動力裝置使其自動前進，這就是汽車的概念。

事實上，有好幾個人都能說是汽車的發明者。這是因為創造汽車動力的元素包括使用石油精、液化石油氣或汽油的內燃機、蒸汽機與電動馬達等，這些都是由不同人發明的。在此為各位介紹使用汽油引擎的汽車。

▲ 1880 年登場的「Ordinary」普通自行車，前輪異常的大，雖然可以騎很快，但很容易摔倒。

影像來源／ Science and Society Picture Library

汽油引擎的發明者是德國人戈特利布‧戴姆勒以及卡爾‧賓士，他們兩人各自在不同地方進行研究，卻幾乎在相同時期開發出使用汽油引擎的汽車。戴姆勒和賓士各自成立的公司後來合併，「梅賽德斯‧賓士」（Mercedes-Benz）成為舉世聞名的頂級汽車。

●電車、地下鐵

電車與地下鐵透過軌道連結不同城市，是人們長距離移動不可或缺的代步工具。蒸汽火車（蒸汽機關車）發明於一八〇四年，誠如先前所說，使用電動馬達的「電車」取代了使用蒸汽機的蒸汽火車。電車是在一八七九年發明的，自一八八一年起，全世界第一輛電車開始在德國柏林運行。

順帶一提，最早行駛在地底下的列車並不是電車，而是蒸汽火車。英國的大都會鐵路（Metropolitan Railway）於一八六三年開通了全球第一條地下鐵路系統，如今許多地方都會稱地下鐵為「Metro（大都會線）」，正是起源於大都會鐵路。

●飛機

各位可曾在空中旅行？就算沒有竹蜻蜓，還是能乘坐飛機，在空中旅行。事實上，在飛機發明之前，許多人發明出可以在空中飛行的交通工具。

第一個發明出來的飛天工具是「熱氣球」。十八世紀法國的孟格菲兄弟成功乘坐熱氣球在空中飛翔。

一八五三年發明出有兩個大機翼、利用風力在空中飛翔的「滑翔機」。

不過，人力難以控制熱氣球和滑翔機的前進方向，從這一點來看，稍早發明出來的汽油引擎備受各界注目。

從一九〇〇年起，有好幾個人想要試飛安裝汽油引擎的飛機，可惜都以失敗告終，一直到萊特兄弟的出現才成功。萊特兄弟參考「滑翔機」的結構，開發出可在空中穩定飛行的機體，汽油引擎啟動安裝在後方的螺旋槳，讓飛機起飛。一九〇三年，萊特兄弟駕駛飛機，完成人類首次的飛行嘗試。

前人的發明讓城鎮居民過得更安全、更開心

除此之外，我們居住的城鎮裡也有許多方便又有趣的發明。

●時鐘

我們每天都會看好幾次時鐘來知道時間，很多時候如果不知道現在幾點，會令人相當困擾。

先前已經提到過「日晷」是最早出現的時鐘，後來還陸續出現了「水鐘」、「沙漏」、「火鐘」、「蠟燭鐘」等等，使用各種元素與方法計時的儀器。不過，上述計時器都很難精準計時。

到了一三〇〇年左右，歐洲發明出使用法碼和彈簧的力量為動力的「機械鐘」，將一天的時間誤差縮短至十五到三十分鐘左右。到了大約一六五七年，出現了計時更為精準的時鐘。荷蘭科學家惠更斯運用伽利略・伽利萊發現的「鐘擺等時性」，也就是「懸掛物（鐘擺）來回擺動一次所需的時間（週期）都一樣」的原理，發明出「擺鐘」。

▲荷蘭科學家克里斯蒂安・惠更斯發明了「擺鐘」。

●卡拉OK

各位唱過卡拉OK嗎？卡拉OK是讓人可以像胖虎一樣自由唱歌的娛樂工具，而且這個是一九七一年日本發明的喔！

發明者是井上大佑，他的工作是在酒吧等地方為歌手伴奏或自彈自唱。由於他為客人錄製的伴奏帶頗受好評，因此他在播放錄音帶的機器上安裝麥克風，發明出沒有歌聲、只有音樂伴奏的「卡拉OK」。這台機器大受歡迎，很快就普及至日本各地。日本發明的卡拉OK文化如今已普及於全世界，以羅馬拼音的「KARAOKE」也成為全球共通語言。

就在我們的生活周遭，竟然有這麼多發明，真是不可思議！現在就走上街，看看還有哪些發明吧！

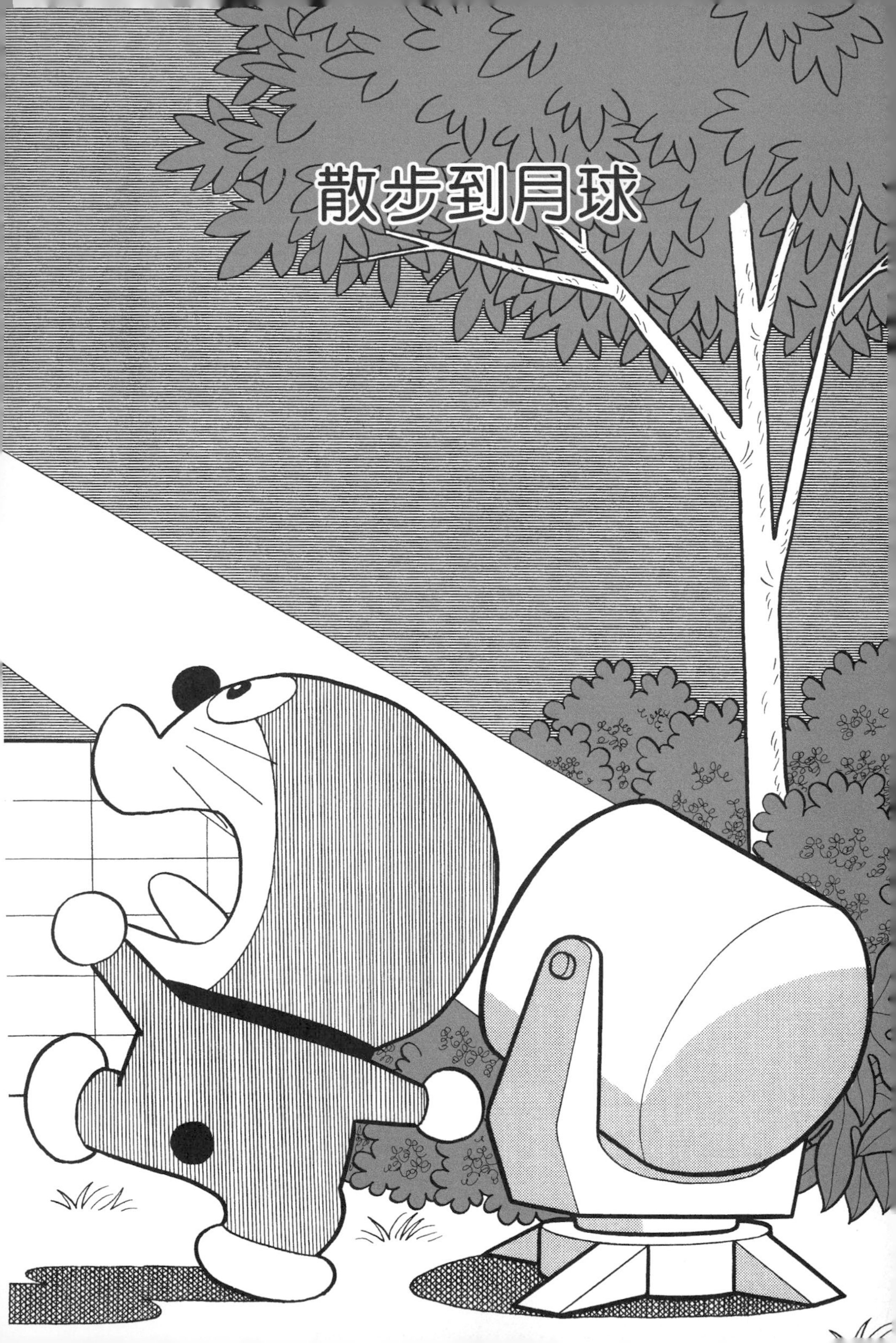
散步到月球

咦？怎麼了!?
三更半夜不睡覺。
我睡不著……
我在想很多關於人生的事情……
人生？
既然出生在這世上，
我想在歷史留名。
完成沒人做過的創舉……

嗯，譬如什麼事？
像是倒立環遊世界一周，
或是用大佛的手做出世界第一的翻花繩之類的。
我想東想西所以睡不著覺。
哇！睡過頭了！
上學遲到了。
誰叫你為了那種無聊事晚上不睡。
我幫你一次吧。
「道路光線機」。
用光做出一條道路。
因為是一直線，所以是捷徑。
而且這條道路在四次元空間，
能穿過任何東西。

A ②日本。日本索尼公司一九七九年發售的小型卡帶播放器「隨身聽」，是全球首創。

Q 日本第一座手扶梯設置在哪裡？①百貨公司 ②醫院 ③車站

根本同學。
有。
野口同學。
有。
野比同學。
大雄！
有！
有！有！
有！
滑壘成功。
太好了。
不只如此，
我想到一個能在歷史留名的大計畫。
我要用「道路光線機」，
走到月球去。
什麼!?
每次都這樣，馬上就想亂來……
不做看看怎麼知道。
到月球的距離……
有三十八萬公里。
天文の図鑑

不必刻意勉強，每晚只走三小時就好。
假設一小時走五公里，一天就能走十五公里。
走完之後，再用任意門回來睡覺。
隔天再繼續走。
總有一天會走到月球。
三十八萬公里除以十五，
嗯……嗯……
兩萬五千三百二十三天。
大概要花七十年。
對吧！
只要我活得夠久，說不定辦得到。
我要走！我要成為世界第一個徒步旅行月球的人!!
你會長命百歲的。
能聽你這麼說真是欣慰。
月亮出來了，出發！
把「任意門」放在「四次元口袋」裡借我。

A ①百貨公司。一九一四年，日本第一座手扶梯設置在東京的三越和服店（現在的日本橋三越本店）。

發明家養成器Q&A

Q 木村安兵衛父子在獻給明治天皇的「紅豆麵包」裡使用哪種花？

①櫻花 ②梅花 ③山茶花

休息一下。
※滑
對了!!
隨著月亮升起，
這條道路就會變成垂直的了!!
哇！哇！
※咚
你回來啦，真快。

A ①櫻花。木村安兵衛父子在紅豆麵包裡包入鹽漬的八重櫻花瓣，將「櫻花紅豆麵包」獻給天皇。

來自靈光一閃的發明

腦中突然想到一個點子，這就是「靈光一閃」。就像牛頓看到蘋果掉下來，讓他想到「萬有引力」，在大多數的情況下，「靈光一閃」都是觸發自於某個物品或現象。本章將為各位介紹來自靈光一閃的發明，引發靈光一閃的「觸發點」也是注目焦點喔！

從機關或材料靈光一閃的發明

應用原本就有的東西，也能產生新發明，例如以下這些發明：

●迴轉壽司

各位是否覺得迴轉壽司似曾相識？相信一定有許多人會聯想到如右下圖示的輸送帶，事實上，這個機關正是發明迴轉壽司的靈感來源。

迴轉壽司的發明者是經營「元祖迴轉元祿壽司」的元祿產業創辦人白石義明，他在一次去啤酒工廠參觀的時候，看到製造過程中的輸送帶，突然想到「運送食品的環狀輸送帶」，於是在一九五七年發明了「旋轉式餐檯」。

一九七〇年，白石義明在大阪舉辦的日本萬國博覽會上，展出旋轉式餐檯，從此之後這個設施普及至日本各地。他將當時被視為高級料理的壽司，轉化成人人都能輕鬆享用的速食，創造出獨特的飲食文化。

▲啤酒工廠的靈光一閃誕生出迴轉壽司，輸送帶讓壽司成為平民美食。

除此之外，日本的迴轉壽司店還有利用晶片計算盤數的機關、自動供茶裝置、自動捏壽司機等許多有趣的發明。各位一邊享受迴轉壽司時，不妨仔細觀察店裡還有哪些發明喔！

●紅豆麵包

你知道紅豆麵包是日本獨創的嗎？紅豆麵包發明於一八七四年的日本，發明者是木村屋麵包店。當時從西洋傳入的麵包都是用酵母菌製成的，特色是水分較少，口感較硬。以白米為主食，習慣Q彈口感的日本人不太能接受西洋麵包。由於這個緣故，木村屋的木村安兵衛與英三郎將用來做酒饅頭的酒種（由清酒、麴、水做成的種）運用在麵包的發酵上。使用酒種，就能製作出日本人最喜歡的蓬鬆Q彈的麵糰質地。在這樣的麵糰中填入日式點心常用的紅豆餡，即完成充滿日式風格的「紅豆麵包」。

一八七五年，木村安兵衛將自己發明的紅豆麵包獻給明治天皇，天皇讚不絕口，很快普及於市民之間，成為平民麵包。

「能不能用在其他用途上」的想法促進了新發明

你是否也曾經看到某項物品，開始思考「這個能不能用在其他地方」？事實上，有些發明就是因為這樣的想法，接下來為各位介紹來自這個想法的發明。

●橡皮擦

在橡皮擦發明之前人們是用某樣物品擦掉鉛筆寫的字，各位知道是用什麼嗎？答案是麵包。拿食物當橡皮擦使用，真令人感到意外。

一七七〇年的某一天，英國化學家約瑟夫・普利斯特里突然靈機一動，拿起天然橡膠擦拭鉛筆寫的字，沒想到文字竟然消失了！從此之後，人們便開始用橡膠擦掉文字。

一七七二年，英國推出了最早的橡皮擦商品。如今，雖然名稱依舊是「橡皮擦」，但是現在的橡皮擦卻主要都是塑膠做的。塑膠製橡皮擦的發明者是日本的SEED橡膠工業公司。

●透明膠帶

透明膠帶可以貼合固定許多東西，各位肯定都有用過。發明透明膠帶的人，是在美國3M文具公司工作的理查・德魯。

德魯原本研究的商品是汽車塗裝使用的遮蔽膠帶，有一次他看著送來的玻璃紙材料，突然想到或許可以用玻璃紙來做膠帶。不過，若要利用玻璃紙的透明度做出透明膠帶，就必須做出透明的黏膠。德魯經過不斷的試驗，混合天然橡膠和樹脂，終於成功開發出透明黏膠，並在一九三〇年發明了透明膠帶。透明膠帶可以貼合修補各種物品，一時間蔚為話題，被外界稱為「百萬美金的發明」。

日本製的透明膠帶是受到美軍委託的日絆工業（現在的NICHIBAN）所開發，日絆工業長期研究OK繃，運用現有技術，在短時間內完成試作品。當時開發出的「Cellotape」至今仍是受歡迎的常用商品。

在我們的日常生活和工作中，隨處都是靈感「來源」，就像本節介紹的發明，靈感不只在腦中浮現，我們看到、聽到或摸到的各種物品都可以是靈感之母。

知識小專欄

燈泡的發明與很多人息息相關

各位知道燈泡是誰發明的嗎？雖然最有名的是愛迪生，但事實上，燈泡的結構是結合許多人的靈感和發明才完成的喔！

燈泡發出白光的部分稱為「燈絲」，燈絲需要使用什麼材質製成，是整個發明過程中最困難的部分。很多人試過碳和白金等各種材料，但是白金太過昂貴，碳的發光時間又過短，無法做成實用的商品。

而在同一時間，愛迪生向全世界收購各種適合做燈絲的原料，不斷進行實驗。最後才找到一種日本竹子，最適合做成燈絲。

▲愛迪生的燈泡使用的碳絲，是由京都的「桂竹」碳化之後製成。

偶然機會下誕生的發明

在偶然機會下看到的東西、發生的事情或不小心的失誤，都有可能創造出新發明。接下來為各位介紹各種偶然機會下誕生的發明實例。

日常生活與研究中的「偶然」也能轉化為發明

我們常常聽到生命中的偶然變成創意或靈感的例子，你知道哪些是在偶然機會下發明出來的嗎？

●望遠鏡

望遠鏡是用來看遠處的工具。大家現在最常使用的是雙筒望遠鏡，在觀賞體育賽事或觀測天體時，可能都用過。

▲看到孩子們將兩片鏡片疊在一起看東西，於是想到望遠鏡的點子。

相傳望遠鏡的發明契機，來自於某個人的偶然發現。十七世紀，荷蘭的眼鏡製造師漢斯・李普希將凸透鏡和凹透鏡疊在一起看，發現遠方的風景看起來就像是在眼前。這項發現成為李普希發明望遠鏡的契機。

望遠鏡發明之後，很快普及於歐洲各地，不同領域的人紛紛投入開發望遠鏡。其中最有名的是義大利天文學家伽利略・伽利萊，他以自己開發的望遠鏡進行天體觀測，發現月球上有隕石坑。

●電話

現在一般人家裡有市內電話的比例越來越少，但在行動電話、智慧型手機問世之前，家家戶戶通常都有一台電話機。哆啦A夢漫畫中也經常出現家用電話。

美國的格拉漢姆・貝爾是全球第一位發明電話並取得專利的發明家。他將聲音轉成電子訊號，透過電線傳輸，再恢復成聲音，利用這個機制，任何人都能與遠方的對象說話溝通。

貝爾原本是想發明一項機器幫助聾啞人士，他不斷反覆實驗，有一天在偶然機會下發現這個機制，繼續研究，最後成功發明出電話。據說貝爾打的第一通電話是給他的助理華生，通話內容是「華生，你過來一下」。

有意思的是，就在同一天，還有另一個人也以相同機制提出專利申請，那位發明家就是格雷。格雷提出申請的時間只比貝爾晚了一點點，最後是由貝爾取得專利權。隨後兩人針對電話專利權興訟，打了長達十幾年的官司。

●盤尼西林

各位聽說過全世界發明出的第一個抗生素「盤尼西林」嗎？抗生素指的是利用黴菌和細菌的力量，抑制其他病原體繁殖增生的藥物。盤尼西林可以有效抑制傳染病和肺炎等疾病。

盤尼西林的發現起因於一九二八年的某個偶然。有一天，英國細菌學家亞歷山大・弗萊明爵士在做金黃色葡萄球菌的實驗時，發現放置在室溫下等待殺菌處理的培養皿（實驗用的玻璃器皿）長了一塊青黴菌，周圍卻沒有金黃色葡萄球菌滋長。弗萊明爵士意識到這個偶然發現的青黴菌具有殺菌作用，於是將其命名為盤尼西林，寫成論文公開發表。

此外，盤尼西林並非物質名稱，而是弗萊明爵士發現具有殺菌作用的青黴素「penicillium」培養後的過濾液（黴菌汁液），為了方便好記取名為「penicillin」。

弗萊明爵士除了把青黴菌保留下來之外，也分成好幾份，送到其他研究所。英國的恩斯特・伯利斯・柴恩爵士與霍華德・弗洛里根據弗萊明爵士的發現，進一步進行各種實驗，成功研究出抗生素。

同一個時期，日本也從事各種研究，實際使用後，拯救了許多人的性命。第二次世界大戰，避開歐洲戰場的美國開始大量生產盤尼西林，用來治療受傷的士兵；戰爭結束後，美國的盤尼西林普及於全世界。

▲「盤尼西林」的發現，之後拯救了世界上許多傳染病患者的生命喔。

起源於錯誤與失敗的各種發明

有時候錯誤與失敗也能產生新發明，接下來為各位介紹從不同角度看待錯誤，轉變成創意發明的範例。

●茶包

只要將茶包放入杯中，再注入熱水，就能享受美味茶飲。茶包真的是很方便的現代化商品。事實上，茶包是從一場美麗的誤會中誕生的。

在紐約販售茶與咖啡的湯姆士．蘇利文是茶包的發明者。有一次，他將要送給客人的茶葉樣本放在一個小袋子裡，那位客人誤以為是要連同袋子一起泡，於是將裝有茶葉的袋子放入注滿熱水的杯子

裡，就這樣以茶包的形式泡了一杯茶。由於這種泡茶方式十分簡便，立刻掀起話題，蘇利文隨即推出袋裝茶葉，這就是茶包的起源。

●便利貼

「便利貼」可貼在書本或筆記本裡，用來做筆記，或是明確標出想要閱讀的部分，可說是相當實用的文具。

便利貼的發明主要來自於可以重覆黏貼的「黏膠」，事實上，這款「黏膠」是在開發其他商品失敗的過程中誕生的。

之前在說明透明膠帶時曾經介紹過的3M公司，正是便利貼的發明廠商，在3M工作的史賓塞．席佛與亞瑟．傅萊就是發明便利貼的人。當時史賓塞正在開發黏性更強的黏膠，卻不小心做出了黏性較弱的黏膠。傅萊想到將這個偶然發明做成便利貼的點子，於是兩人持續研究，完成全世界第一款可重覆黏貼的「Post-it」。「Post-it」於一九八〇年在美國上市，超強的便利性很快就掀起熱潮。

正因為發明家不設限，想法靈活，才能將偶然的機會與失敗轉變成新發明。從各種角度看待事物，是創造前所未有新發明的重要關鍵。

多想一點的巧思變成了發明

發現自己身邊不方便之處，或是讓自己與他人感到困擾的事物，並且想辦法改善，提升便利性，這類改變是發明的第一步。接下來要介紹的是善用讓生活與工作更方便的巧思，創造出新發明的範例。

解決「不方便」之處 讓不方便更加便利的發明

大家的生活中是否也有「覺得很麻煩」的時候？本節要介紹解決生活麻煩的發明巧思。

●拉鍊

拉鍊的英文是zipper、zip fastener等。各位不妨想像一下，如果你的外套或牛仔褲拉鍊全部改成鈕釦，你會有什麼感覺？穿脫時一定很花費時間。拉鍊的發明縮短了我們穿衣服的時間，這一點也是發明者想要解決的「小麻煩」。

最初拉鍊是為了取代鞋帶而發明出來的。美國的惠特科姆・賈德森覺得穿鞋子綁鞋帶很麻煩，想要減輕穿鞋子的麻煩，才發明了拉鍊。

●轉乘地圖

在地下鐵等車站中，通常都會有「轉乘地圖」，標示著出口和目的地附近可供轉乘的大眾運輸工具。事實上，轉乘地圖的發明者是一位名為福井泰代的家庭主婦，她帶著孩子坐車時，在車站裡不知所措，這個經驗讓她想到了更便捷的方法。基於個人興趣，福井太太也曾經發明過其他創意商品。她靠著自己的雙腳走遍東京都內的每一座車站，調查出口、樓梯、手扶梯等設施的位置，完成這張地圖。轉乘地圖從一九八八年開始張貼在地下鐵銀座線的車

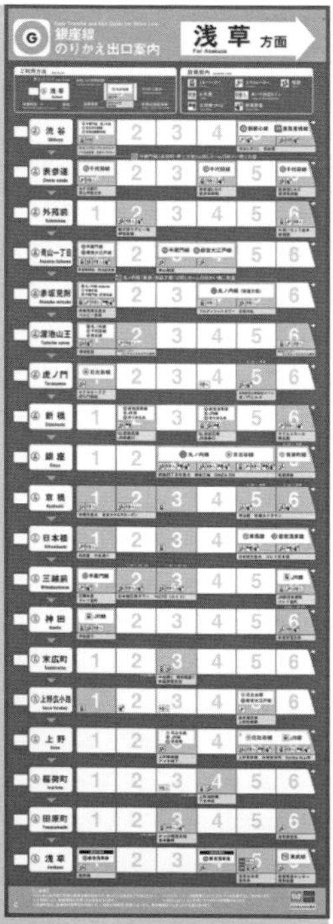

影像提供／NAVIT Co.,Ltd.

站裡，如今許多東京都的車站都有這張地圖。

小巧思變成大發明 實用商品的誕生祕辛

雖然不是改變歷史的重大發明，但到目前為止，誕生出許多小小發明。市面上常見的「實用商品」最能代表小發明的貢獻，它們都來自於讓日常生活更方便的小巧思。這一節將為各位介紹我們每天都在使用，日本人發明的實用商品。

●魔法飯匙

各位請看一下家裡每天都在用的飯匙（飯瓢），你發現了飯匙表面有一顆顆小突起嗎？由於塑膠製飯匙上的小突起可以避免飯粒黏在匙面上，日本的曙產業發明了飯匙表面上的小顆粒，並在一九九九年發售「魔法飯匙」。開發者注意到壽司店使用的飯匙完全不會沾附飯粒，仔細觀察發現飯匙經過長年使用，表面顯得凹凸不平，這讓他產生靈感，想出了魔法飯匙。

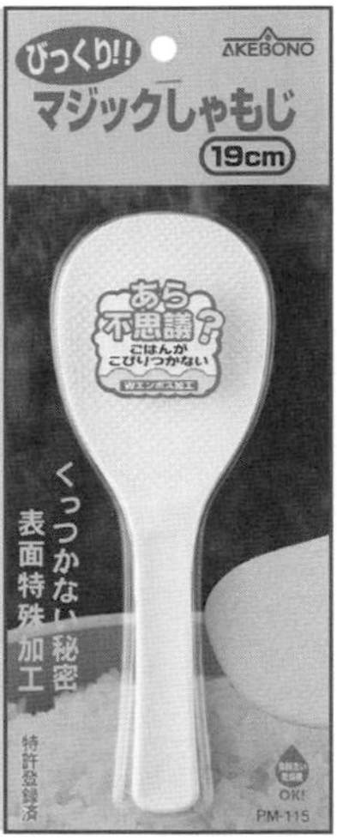

影像提供／株式會社曙產業

●直接用補充袋

現在有許多人都會購買洗髮精、潤絲精的環保補充包，減少塑膠瓶的使用，但各位是否覺得剪開補充包，再將內容物倒進空瓶這個動作很麻煩？為了解決這個小麻煩，製造商三輝公司的前代表阿部雅行，在二〇〇八年發明了一款「直接用補充袋」，消費者再也不需要將內容物倒進空瓶，可以直接使用。阿部原本就不擅長填裝作業，於是想到「如果可以直接使用補充包就好了」，最後成功開發出新商品。

影像提供／株式會社三輝

直接用補充袋可以減少不必要的塑膠空瓶，可說是備受注目的環保發明。

我們每天使用、每天看到的物品，都蘊藏著發明者的創意和努力。五金百貨店裡販售的各式實用商品充滿著獨特巧思，各位不妨多多參考。

代理口香糖

※匡鏘
ガチャーン
糟了！
球飛到不該去的地方了……

都是因為你打得太用力，你要賠我一顆球！
你的意思是我的錯囉!?
不、不是……
若要說是誰的錯……對了！
都怪大雄沒有把球接好……
球打得那麼高，我怎麼可能接得到啊？
你跳起來就可以接到啦。
對啊！如果是我就一定可以接到！
那個球又不是接不到。
你去把球要回來。
那個人又不是道了歉就會把球還來的人……
他會突然對我大吼，然後把我趕出來……
到目前為止，一共有二十六顆球掉進去。
一顆也沒有拿回來。

發明家養成器Q&A

Q 弗萊明爵士因為取得「盤尼西林」的專利大賺一筆，這是真的嗎？

A 假的。弗萊明爵士不在意金錢，所以沒有申請「盤尼西林」的專利，就連諾貝爾獎的獎金也都捐贈給醫院。

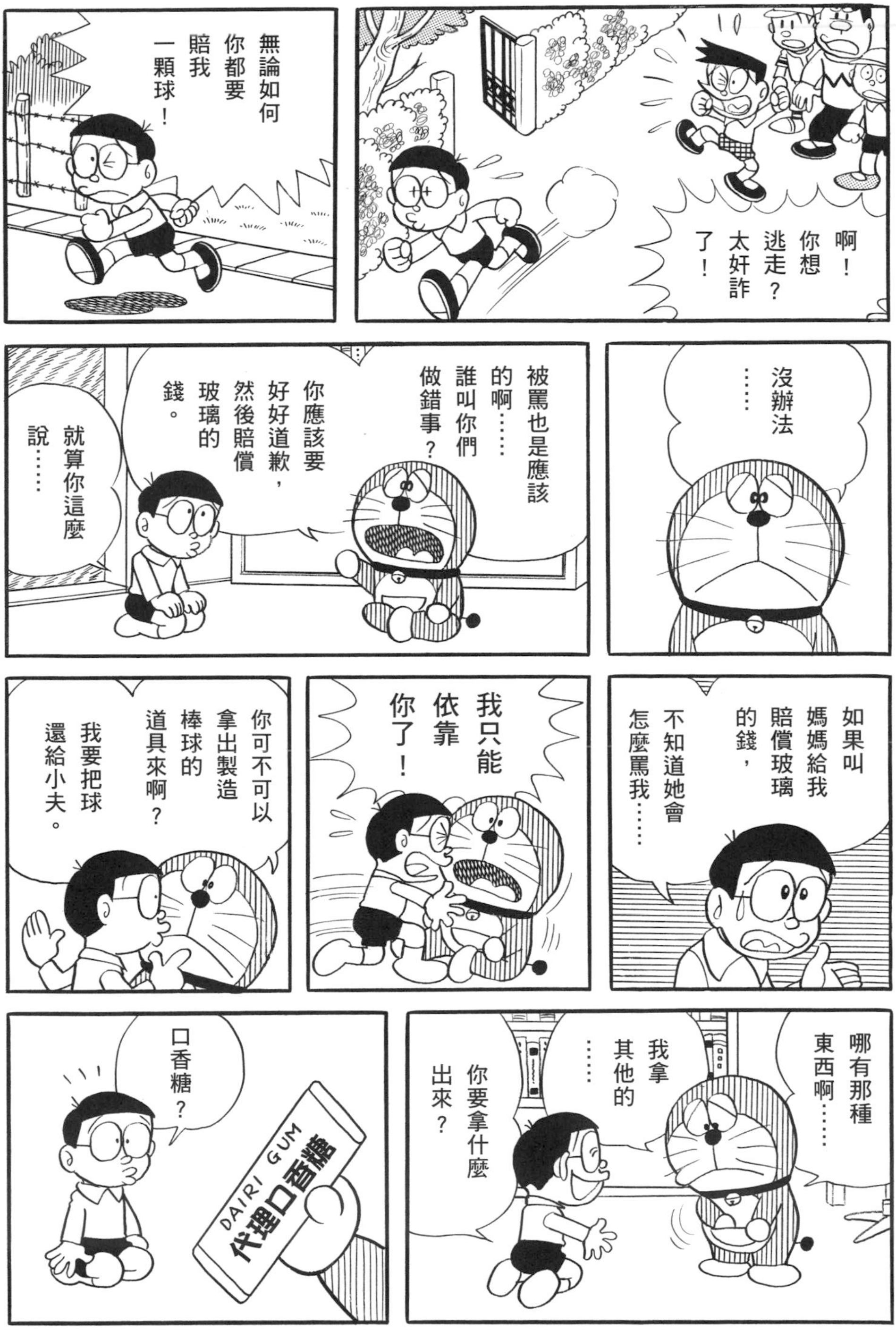

※嚼嚼、嚼嚼
這個口香糖可以把自己說不出口的話，請別人幫你說。
一邊嚼口香糖，一邊說自己想說的話嗎？
媽媽……我打破別人的窗戶，請給我錢賠償人家。
モグモグ
クチャ
把口香糖渣……
黏在爸爸的身上。
好噁心喔！
沒關係，馬上就會消失的。
ピッ
※黏住
ペチャ
※起身
スック
？
？
？
我打破別人的窗戶請給我錢賠償人家。

發明家養成器Q&A

Q 全世界最多人使用的拉鍊製造商是哪家？①NTT ②HIS ③YKK

A ③ YKK。這是創業於一九三四年的日本拉鍊製造商。大家可以觀察一下衣服上的拉鍊，是哪一家的呢？

Q 「vaccine（疫苗）」這個詞原本是什麼意思？①牛 ②免疫 ③治療

對了，我用口香糖來報復他！
胖虎那個卑鄙的傢伙！把自己的過錯推給大雄也不會害臊，光是身體強壯頭腦卻空空的！
モグ
クチャ
※嚼嚼
ペチャ
※黏住
？
哇、哇啊……我要去哪裡啊？
光是身體強壯頭腦卻空空的！
ボカ
ゴン
ギャッ
※拳打腳踢
讓胖虎到那個凶爺爺家去道歉吧！
爺爺都是我的錯，對不起，
我把玻璃的錢賠給你，請你原諒我。
モグ モグ
クチャ クチャ
※嚼嚼、嚼嚼

A ①牛。字源是拉丁文帶有母牛之意的「Vacca」，最初是從染上牛痘的人身上的膿包移植出來，用來預防天花，因此得名。

拯救人類的醫學發明

發明除了讓我們的生活更加便利之外，也有許多有利於維持人類健康和生命、避免破壞地球環境的物品。本章為各位介紹幾個友善人類與環境的發明。

改變醫學歷史的發現與發明

我們都知道細菌和病毒存在於這個世界上，但過去的人類渾然不知。不知道原因就無法治療，許多人因此喪命。接著一起來了解改變醫學常識的發明吧！

●X光（X射線）

大家是否曾在健康檢查時拍過X光片？X射線是利用可以穿透身體的「X光」所做的影像檢查法。X光是波長較短的電磁波（光），屬於放射線的一種。

德國物理學家威廉・倫琴是X光的發現者，當時他正在研究「陰極射線」的現象，將封鎖在真空玻璃管的電極，施以高壓電再使其放電，就會產生電流。有一天，在實驗過程中，他突然發現放在玻璃管附近的螢光物質發出微光。由於大家都知道陰極射線無法穿透玻璃管，因此他確信這是別的射線。於是他不斷進行實驗，終於找到了可以穿透物體的放射線。倫琴將此放射線命名為「X光」，於一八九五年發表研究結果。

這個發現促進了X光的發明，最常用來診斷骨折狀況。發現X光對於後來的科學與放射

▶X光技術可以用來檢查體內狀況，對於醫學發展有極大貢獻。

線研究帶來深遠影響。

●種痘（疫苗）

「疫苗」是用來預防麻疹與流行性感冒等疾病的藥物，相信大家都曾經接種過。

世界上第一支疫苗是用來預防天花的牛痘。天花自古就是致死率相當高的傳染病，沒辦法預防和治療，是人人聞之色變的疾病。

一七九六年，天花在英國爆發大流行，愛德華・詹納醫生發現牛隻等動物會傳染一種名為牛痘的疾病給人類。牛痘的症狀比天花輕微，曾經染過牛痘的人不會再染上天花。於是詹納嘗試將牛痘患者的膿液植入別人身上，實驗結果發現，被植入的人不會染上天花。最初的疫苗不是用注射的，而是用植入的方式，因此稱為「種痘」。

醫療機器的發明 讓手術和檢查更加容易

下一頁起將為各位介紹醫療機器的發明，讓醫生診斷和手術更加順暢與精準。

知識小專欄

第一個萃取出維他命的是日本人！

各位知道維他命這個營養素嗎？除了醣類、蛋白質、脂質、礦物質之外，生物維持生命必要的微量營養素稱為「維他命」。

人類在研究「腳氣病」與「壞血病」等疾病時，發現了維他命的存在，這些疾病主要發生在長時間旅行和移動的士兵與船員身上。由於最壞的狀況可能致死，因此醫生不斷研究預防方法。

雖然也曾經懷疑過這些疾病是傳染病，但患者大多有偏食的習慣，所以許多醫生推測病因可能與飲食有關。後來發現只要多吃糙米、蔬菜與水果，就不會罹患上述疾病，於是不少人開始研究飲食和預防疾病的物質。

1911 年，波蘭的卡西米爾・芬克萃取出維他命 B1，將人類維持生命的必須營養素命名為「維他命」。事實上，日本的鈴木梅太郎也在前一年成功萃取出維他命 B1，可惜他的論文是用日文寫的，所以沒有宣揚至世界各國。

●聽診器

大家應該都有看過醫生拿的聽診器吧。聽診器的發明人是法國的醫生何內・雷奈克。

一八一六年，雷奈克看到小孩拿著一根中空的木棍放在耳朵邊聽的模樣，激發出靈感，於是想到將木筒做成聽心臟跳動聲音的工具。

後來聽診器發展出各式各樣的形狀，如今已是醫生必備的工具。最近也開發出將聽診器聽到的聲音錄製成數位檔的方法。

▲聽診器是用來聽心臟和肺部聲音確認有無雜音的工具。

●麻醉

各位可曾想過在動手術或治療牙齒時，如果沒有麻醉，會有什麼後果？在這種情況下，不知道要承受多大的痛苦，光是想像就覺得恐怖。

麻醉使用的藥物有很多種，最早發現的麻醉藥物是「笑氣」。一八〇〇年，英國化學家漢弗里・戴維發現氧化亞氮氣體可以令人心情愉悅，感到快樂。由於這個氧化亞氮會讓人笑，因此又稱為「笑氣」。美國牙醫霍勒斯・威爾士是第一個將氧化亞氮使用在拔牙治療上的醫生。

而在發現笑氣的同一時間，日本發明了另外一種麻醉藥物。外科醫生華岡青洲將洋金花的萃取物質添加在中藥裡，發明了麻醉藥物「通仙散」。一八〇四年，華岡醫師將通仙散用來進行全身麻醉，順利完成了乳癌手術，這是全世界第一例成功使用全身麻醉的手術。

我們現在能夠接受安全、疼痛程度低的各種治療和手術，全都要感謝這些發明。

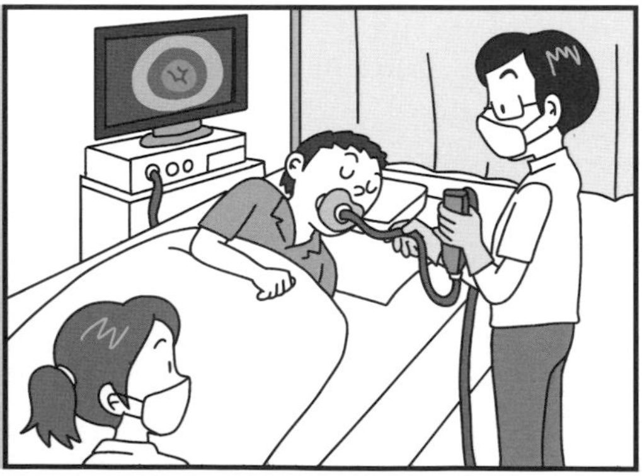
▶檢查胃部的「胃鏡」是日本的發明，一九四九年由奧林巴斯光學工業（現在的奧林巴斯）發明並完成實用化。

「發明」打造出人人都能便利生活的世界

視力差的人戴眼鏡矯正，讓自己可以看得清楚，這是很正常的事情。同樣的，許多發明幫助身體有障礙的人，減輕他們的負擔，讓他們可以自由活動。接著就來看看有哪些這類的發明吧！

通用設計的發明 讓所有人都能輕鬆上手

首先來看一下任何人都能輕鬆使用的「通用設計」發明。

●導盲磚

各位知道設置在車站月台的「導盲磚」，是日本的發明嗎？發明者是知名發明家三宅精一，他與經營視障人士機構的岩橋英行交流後獲得靈感，想到在地面設置凹凸不平的磚塊。一九六七年，日本岡山市率先設置導盲磚。最初是為了無障礙空間誕生的發明，如今設置在車站月台，成為所有人都適用的通用設計。

●低底盤公車

大家看過上下車門沒有階梯的公車嗎？這類公車稱為低底盤公車，方便輪椅或腰腿不好的人上下車。

一九九七年，日本首次導入低底盤公車，數量逐年增加，如今超過半數的日本公車都是低底盤公車。

協助人類的機器人問世

如今在各種場合協助人類維持生活與健康的機器人，到底有哪些？讓我們一起來看看吧！

●心理慰藉機器人

各位是否想過，如果布偶也能夠像真正的動物一樣活動，那該有多好？「PARO」海豹造型心理慰藉機器人實現了你的夢想。PARO搭載了感應器與人工智慧，只要摸它，它就會有反應，也會記住自己的名字。

工學博士柴田崇德是PARO的開發者。他希望將與動物接觸療癒心靈的「動物療法」運用在機器人身上，因此開發出這一款機器人。

如今在日本各地的銀髮族照護機構、社會福利機構，甚至醫院都可以看到PARO的身影，臨床實驗也證實了PARO的療癒效果。二〇〇二年，PARO獲得金氏世界紀錄認證，是「全世界最具療癒效果的機器人」。

▲ PARO 可以像真正的豎琴海豹寶寶一樣活動，它會在與人類的互動中學習，配合主人的喜好行動。

© 國立研究開發法人產業技術總合研究所

打造友善社會
各種制度與標章的發明

還有許多發明也有助於打造友善生活的社會，有哪些發明呢？大家不妨想想看。

●博愛座

設置在電車和巴士的博愛座也是打造友善社會的重要發明。日本正式設置博愛座是在一九七三年的時候，一開始設置的是專門給高齡長者的「銀髮族席位」，如今改名為「博愛座」，不僅長者，孕婦、帶小孩出門的家長和受傷的人都能優先入座。

此外，路上隨處可見的右方圖示，代表該建築物或設施適合身障人士使用，是全球共通的國際標章。日本有專為孕婦推出的「孕婦標記」（maternity mark），需要注意身體狀況的人也能使用「支援標記」（help mark）來尋求幫助。

我們每個人在生活中都受惠於發明，無論是身體健康或無法自由行動的人，發明讓所有人平等。衷心希望未來的社會更加友善，不管是什麼樣的人都能享受各種發明，自由生活。

友善地球的發明

二〇一五年聯合國大會採行的十七個「SDGs」（永續發展目標）目標中，訂定守護人類生活的地球環境。在此為各位介紹的發明，都是為了盡力守護人類生活的地球環境。

不汙染地球 實現乾淨能源的發明

不產生汙染環境的廢棄物的能源，稱為乾淨能源。接下來介紹實現乾淨能源的發明。

●鋰電池

「鋰電池」可以重複充電使用，智慧型手機、電腦和電動車用的都是鋰電池。

一九八五年，在旭化成工業裡負責研究聚乙炔的吉野彰，發明出鋰電池的原型。吉野成功開發出過去沒有的高容量、小型輕盈、多次充放電也不劣化的充電電池（蓄電池）。充電電池可以將大電力慢慢充放，有效維持電力系統，是備受矚目的環保發明。不僅如此，專家也認為鋰電池的發明，成功實現了電腦與智慧型手機的小型化和無線化。

●電動車

以電為動力的「電動車」不像汽油車會在行駛的過程中排放廢氣，是具有環保概念的汽車。

從環保觀點來看，電動車是從一九九〇年開始受到注目。日本則是在一九九七年，由日產與索尼共同開發出首款搭載鋰電池的電動車「Prairie Joy EV」。同年，豐田汽車開始正式販售搭載油電混合系統、使用汽油和電力驅動的汽車。如今每五輛汽車就有一輛是油電混合動力車，環保車款越來越普及。

杜絕環境汙染！生活中的環保發明

我們身邊也有許多環保發明隱藏在大家每天使用的物

品當中，也有許多友善環境的發明。

●無洗米

「無洗米」是無需清洗就能直接放入電鍋煮的米，不僅能縮短做家事的時間，還能節約用水，可以說是環保米。普通白米還有一層「肌糠」，具有黏性，也會發臭，因此必須先用水洗掉肌糠才能煮。先用機器去除掉肌糠的米就是所謂的無洗米。

無洗米的發明者是日本精米機製造商「東洋精米機製作所」的社長雜賀慶二。原本就從事精米機開發的雜賀，發明出不用水就能夠去除肌糠的精米機，在一九九一年推出全世界第一款無洗米。

洗米水含有的磷、氮會汙染水質，因此不會產生洗米水的無洗米，有助於維護水質。

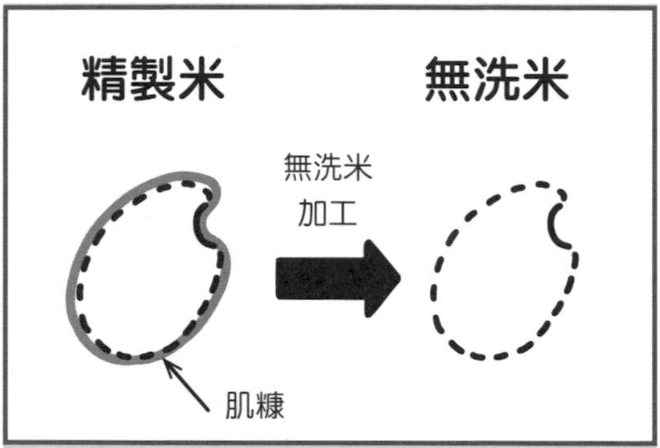

▲普通白米最外層還有一層「肌糠」，可利用特殊的精米機事先去除。

●垃圾處理廠

各位知道我們製造的垃圾都是在哪裡處理的嗎？家戶垃圾會在垃圾處理廠進行安全的處理，日本第一座垃圾焚化場是在一八九七年成立的。

現在的垃圾處理場都配備高性能焚化爐，即使燃燒塑膠也不會產生戴奧辛等有害物質。燃燒垃圾時產生的水蒸氣與熱氣，還可以運用在溫水游泳池，或轉換成電力再利用。如上所述，儘管垃圾可以在垃圾處理廠安全的處理，但燃燒後產生的灰燼還是需要掩埋。由於土地有限，最環保的做法還是減少垃圾，重複使用。

等到各位長大，愛護地球的環保技術相信一定會比現在還重要。未來時代最需要的，正是盡力守護人類生活地球環境的環保發明。

哆啦A夢分身術

銅鑼燒！
ゴクリ
※口水直流
儘管吃吧！別客氣。
來，請！
嗯嗯！
可、可是……
好像有不好的預感。
不過，這樣放在我眼前……
我真的忍不住了！
你在客氣什麼呢？
這只是我的小小回禮而已，因為常常都在麻煩你。
我是多麼感謝、多麼尊敬你，實在無法用言語來表達。

發明家養成器Q&A

Q 誰是《時間機器》的作者？①赫伯特・喬治・威爾斯 ②以撒・艾西莫夫 ③雷・布萊伯利

每當我有困難或痛苦，你一定都會幫我。
不論有什麼討厭的麻煩的事，只要開口你一定都會幫我。
自、自己這樣說是有點怪……
不過只要拜託我，我是不會說不。
這就是我的原則。
太偉大了！
那麼功課就拜託你了。
我堆了兩三天，明天全部都要交。
為了不打擾你，我到別的地方睡。
拜託你了，晚安。
パク
パク
ガツ
ガツ

A ①赫伯特・喬治・威爾斯。這是第一本以時間旅行為主題的科幻小說，出版於一八九五年。

※大吃特吃

發明家養成器Q&A

Q 標籤上寫好地址，物品就能送到對方手中的祕密道具「飛天快遞標籤」已經成真，這是真的嗎？

A 假的。不過，目前已經開始實驗利用無人機宅配的系統，成真的日子不遠了。

※啪噹

發明家養成器Q&A

Q「Robot（機器人）」這個名詞是何時出現的？①一九一〇年②一九二〇年③一九三〇年

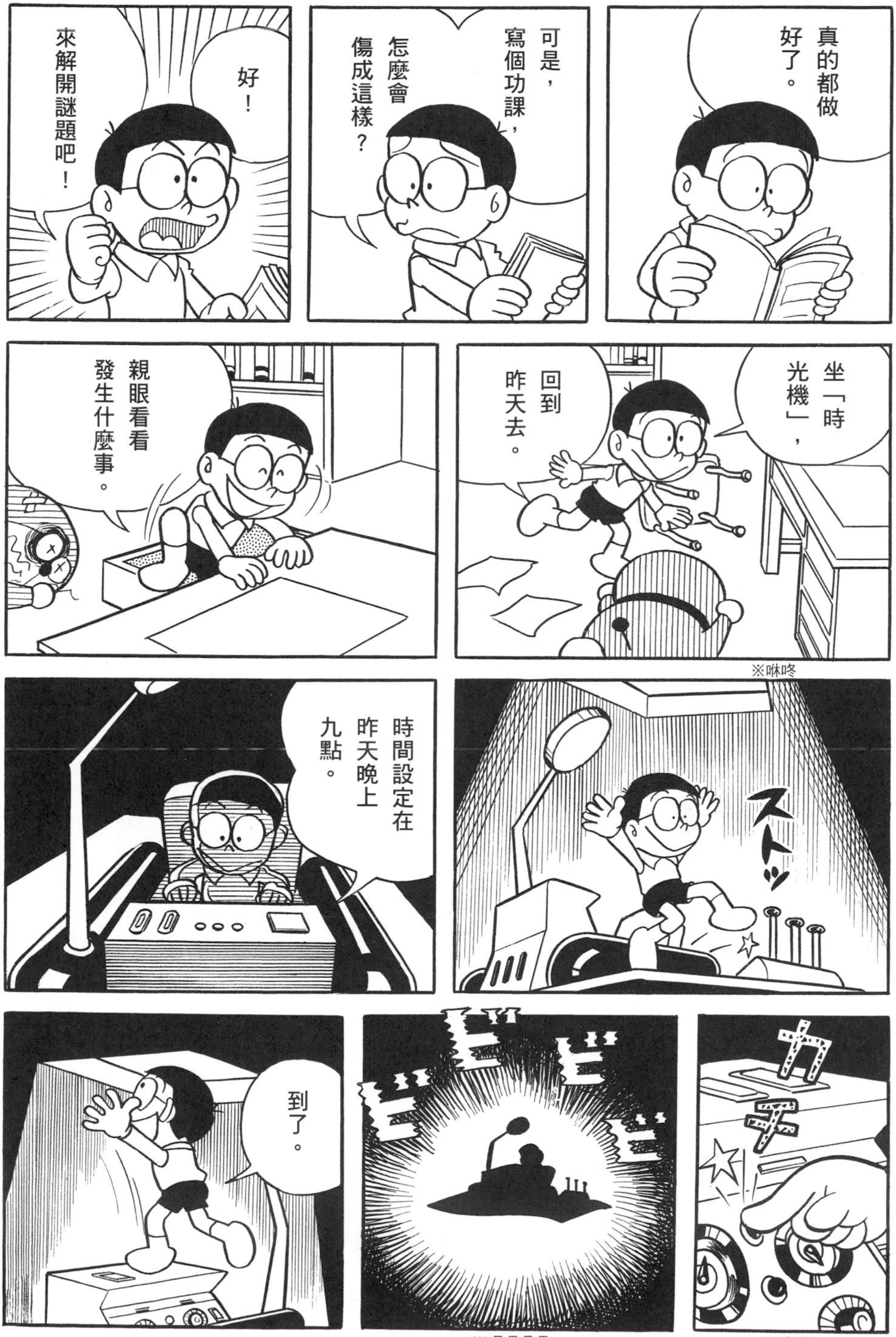

A ② 一九二〇年。卡雷爾・恰佩克在該年發表的作品第一次使用「Robot」一詞，語源是捷克語「robota」，意思是強迫勞動。

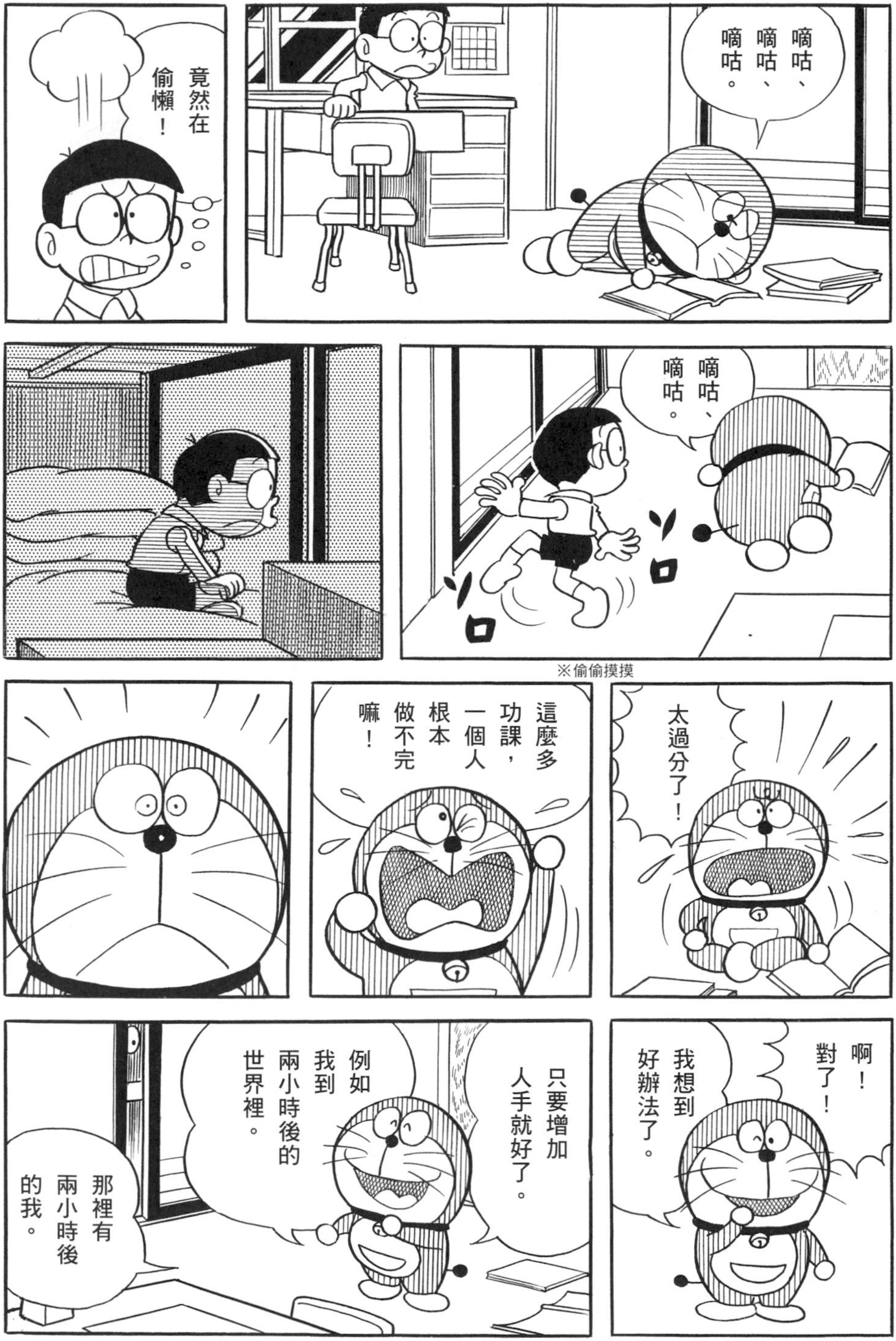
嘀咕、嘀咕、嘀咕。
竟然在偷懶！
嘀咕、嘀咕。
※偷偷摸摸
太過分了！
這麼多功課，一個人根本做不完嘛！
啊！對了！
我想到好辦法了。
只要增加人手就好了。
例如我到兩小時後的世界裡。
那裡有兩小時後的我。

發明家養成器Q&A

Q 目前已經可以利用遠端操控，讓機器人像自己的分身一樣活動，這是真的嗎？

A 真的。吉藤健太朗發明的「OriHime」專為行動不便的人打造，讓機器人代替自己與他人互動。

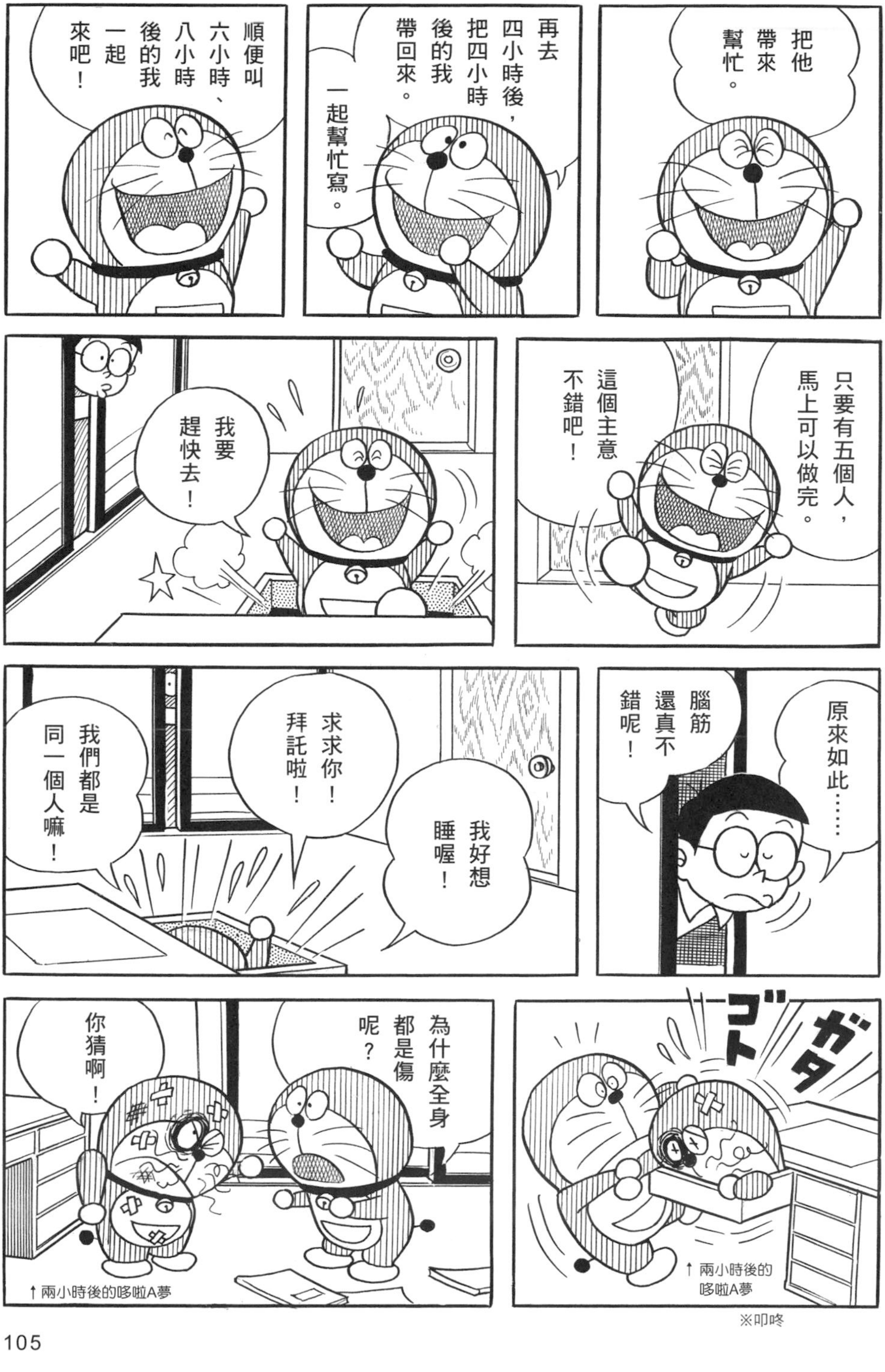
把他帶來幫忙。
再去四小時後，把四小時後的我帶回來。
一起幫忙寫。
順便叫六小時、八小時後的我一起來吧！
只要有五個人，馬上可以做完。
這個主意不錯吧！
我要趕快去！
原來如此……
腦筋還真不錯呢！
我好想睡喔！
求求你！拜託啦！
我們都是同一個人嘛！
ゴト
ガタ
↑兩小時後的哆啦A夢
為什麼全身都是傷呢？
你猜啊！
↑兩小時後的哆啦A夢
※叩咚

發明家養成器Q&A

Q 利用電腦執行人類智慧的系統稱為什麼？①KY ②AI ③PV

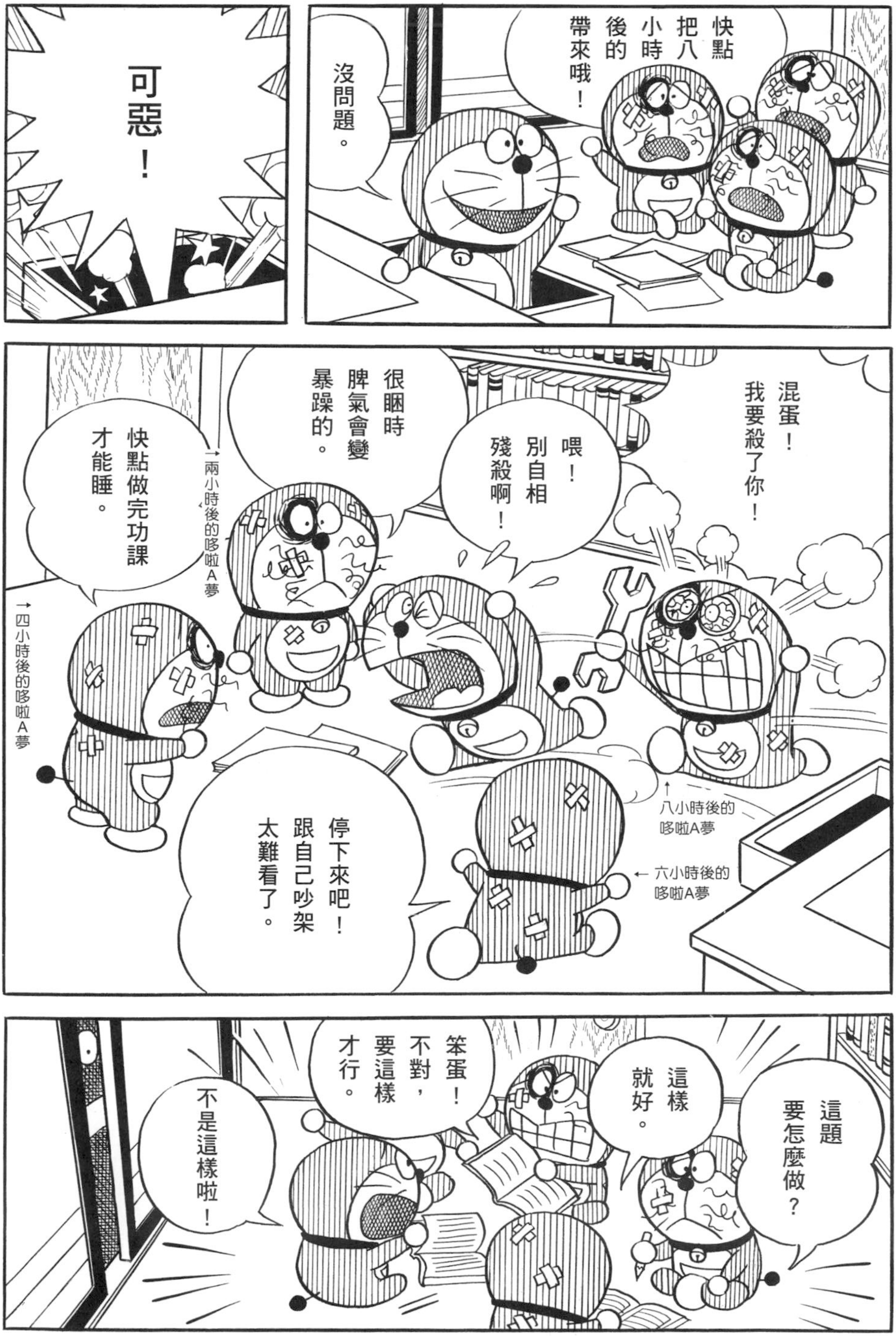

A ② AI。AI是「Artificial Intelligence」的簡稱，意思是「人工智慧」。利用聲音操控的智慧音箱也搭載AI技術。

發明家養成器Q&A

Q 所有事物透過網路相連稱為什麼？①LoL ②IoT ③PoU

A ② IoT。IoT是「Internet of Things」的簡稱，意思是「物聯網」，可透過網路操控各種事物。

發明家養成器Q&A

Q 類似與機器下棋的祕密道具「自動將棋」的裝置已經成功開發出來，這是真的嗎？

A 真的。可與AI對戰的電腦將棋軟體已經成功開發，專業棋士會利用這套軟體進行練習。

地底的太陽能乾冰源

啊……把暖爐關掉會冷耶！
要睡到客廳睡。
每個房間都開暖爐太浪費了。
家裡的經濟不寬裕，要體諒媽媽。
真小氣。
不是那樣的。
地球上的石油剩下不多，
不珍惜使用的話，馬上就用光了。

真的快沒有石油啦？
真的啊。
你們居然都不緊張!?
車子、飛機、船、全部都會動彈不得耶!!
沒有電，會變得漆黑又寒冷。
還不只這些呢！如果放著不管，整個社會就要天翻地覆了。
好恐怖喔……
為了避免類似情況發生，全世界的學者正在努力研究。
二十二世紀則是使用這個。
「太陽能乾冰源」。
好溫暖！
這是將太陽能轉化為像乾冰那樣的固狀物。
融化掉了。
因為碎片太小了。
去挖一塊新的吧。
挖？
去哪裡挖？

發明家養成器Q&A

Q 現在自動駕駛車發展得最先進的是哪項實用技術？ ①減少塞車 ②減少駕駛錯誤 ③預防打瞌睡

A ②減少駕駛錯誤。自動剎車與道路號誌辨識輔助等系統可預防駕駛錯誤，①與③還在開發中。

我已經先將夏天的炙熱陽光，蓄積在地底下。
門要關好，否則會融化的。
礦脈布滿全鎮的地底下。
因為遇冷會融化，
所以需要時再取出使用。
用布包起來就像懷爐。
掛在天花板上，就成為電燈。
放入紙筒，就變成手電筒。
好刺眼。

丟到茶壺裡……
水馬上就開了。
用法多到數不完，好神奇的能源喔！
開公司來販賣吧！然後輸出到世界各地大賺一筆……
你馬上就動歪腦筋了!!
能取得便宜又方便的能源，大家一定會很開心的，這樣不對嗎？
你愛吃銅鑼燒吧？
不要突然問我怪問題!!
我愛吃，但是最近手頭很緊。
用「太陽能乾冰源」大賺一筆，讓你吃個夠。
就、就聽你的。
真是個頭腦單純的傢伙。
我去賣。

Q 速度比新幹線還快的超高速鐵路「超導磁浮列車」時速達每小時幾公里？

① 50
② 100
③ 500

我是「太陽能乾冰源」的銷售員。
既溫暖又明亮，一百公克只要一百圓！
我覺得很棒，但是沒有錢。
好冷喔，這種天氣別練習了。
這可以當溫暖的懷爐使用。
這個好，給我。
要一百圓？
好貴，我不要!!
居然連朋友的錢都想賺！
哈啾！
根本行不通。

A ③ 500公里。目前正在施工，預計在二〇二七年通車，若能順利實現，東京到名古屋最快只要四十分鐘就能抵達。

用這種方法賺錢，果然還是不太好……
你不想吃銅鑼燒了嗎!?
不，就算為了銅鑼燒……但是賣不出去，而且外面又冷……
對了，讓你當社長吧。
三、兩下就能蓋棟大樓。
銅鑼燒公司
對了！在社長室隔壁，開一間銅鑼燒食堂吧。
銅鑼燒食堂!?
讓你能隨時盡情的享用銅鑼燒。
銅鑼燒生魚片
銅鑼燒蓋飯
銅鑼燒咖哩
銅鑼燒排
銅鑼燒堡
我會想辦法拚命賣的！

發明家養成器Q&A

Q 利用智慧型手機讀取的「QR Code」是日本發明的，這是真的嗎？

A 真的。一九九四年，日本汽車零件製造商電裝公司發明了 QR Code，使用上完全免費，任何人都能做出自己的 QR Code。

要怎樣才能賣得出去？
對了！今天先免費贈送樣品。
只要大家了解它的便利性，就不得不買了。
石油也是這樣。以前的人沒有石油，還不是過得好好的。
還是算了。
別練了啦。
到處撒下「太陽能乾冰源」……
啊!?
好像變得暖和了。
開始練習吧。
明天開始，一百公克一百圓。

發明家養成器Q&A

Q 現在已經開發出「智慧型戒指」穿戴式裝置，使用者可以透過戒指付款。這是真的嗎？

A 真的。不占空間的電子支付裝置「智慧型戒指McLEAR」已經在美國等地發售。

不可以坐地起價！
賣兩倍價錢，就可以買兩倍的銅鑼燒喔。
一百公克三百圓。
一百公克五百圓!!
好貴！
嫌貴就不要買。
銅鑼燒…不對，「太陽能乾冰源」只有我有。
五百圓沒關係，我買。
你看吧。
我馬上去挖。
說到銅鑼燒，就變了個人。
啦～啦啦啦啦啦～
讓您久等了。
明年夏天再找個更寬敞的地方，大量製造吧。

發明家養成器Q&A Q NASA（美國太空總署）也參與3D食物列印機的研究，這是真的嗎？

A 真的。外太空的食材與人員有限，為了能吃到自己喜歡的食物，NASA也出資參與研究開發。

我們可以發明出哆啦A夢的祕密道具嗎？

各位是否想過，如果真的有哆啦A夢的祕密道具該有多好？只要有祕密道具，就能完成許多事情。

那個知名的祕密道具也能發明出來嗎？

哆啦A夢的祕密道具每樣都很棒，讓人都想擁有。在此介紹幾個具有代表性的祕密道具！

●時光機

時光機不只存在於哆啦A夢的漫畫中，也出現在許多電影和小說裡。

要像時光機一樣超越時間之牆，必須移動得比光速還快。物理學家愛因斯坦發表的「相對論」充滿各種物理學法則。

若根據這項法則，回到過去是很難的事情。另一方面，相對論也說「高速移動的物體中，時間過得比周遭時間慢」。簡單來說，搭乘超高速火箭度過一段時間之後，回到地面時，很可能已經是遙遠的未來。理論上，人類到未來是可行的。不過，目前還沒有發明出可以實現這項法則的乘坐工具，因此不確定是否真的能前往未來。

●任意門

任意門能讓自己瞬間到達想去的地方，要是真有這項道具，那就太方便了。任意門的作用機制是扭轉目前所在和想去的地方，讓兩個空間連起來就能瞬間移動，但到目前為止，人類還沒找到「扭轉空間」的方法。

在目前已經實用化的技術中，最接近瞬間移動的體驗是VR（虛擬實境）、遊戲的虛擬化身和分身機器人。雖然無法讓自己的肉身想去哪兒就去哪兒，但使用這些技術可以實際體會在現場的感覺，如自己所願的操作遊戲的虛擬化身和機器人，就像是自己真的在當場行動一樣。

●竹蜻蜓

竹蜻蜓的形狀讓人聯想到直升機的旋翼，直升機飛行靠的是「升力」，但竹蜻蜓很難靠相同原理讓人飛起來。原因很簡單，因為當螺旋槳朝某個方向轉時，下方機體一定會朝反方向轉，也就是所謂的「作用力與反作用力」法則。為了避免機體原地旋轉，直升機的尾翼上安裝了小型垂直旋翼（尾槳），但竹蜻蜓沒有這項構造，所以沒辦法利用相同機制讓人飛起來。

想要做出竹蜻蜓相當困難，但像背包一樣的噴射背包、單人座小型直升機或飛行車持續開發中。這類交通工具若持續進化，人類就能實現輕鬆飛翔的夢想。

▲在不久的將來，或許我們也能乘坐自己專屬的飛行車，自由的在空中翱翔。

像哆啦A夢的機器人已經誕生了？

如果我們能夠擁有一個像哆啦A夢那樣的機器人朋友，一定會很有趣，但哆啦A夢真的能發明出來嗎？雖然沒辦法拿出祕密道具，但可以和人說話、協助人類的機器人已經發明出來了。如今機器人早已在產業和照護的第一線發揮作用，用途也越來越廣泛，例如，可以在對話中學習英文的「MusioX」，或是懂得開關門、高舉物品的人形機器人「Walker」。

此外，還有一些非人型機器人，包括Siri、Alexa、Google等語音助理，與這些AI機器人對話、請它們找資料或介紹事物，已經是現代生活十分常見的情形。

影像提供／UBTECH

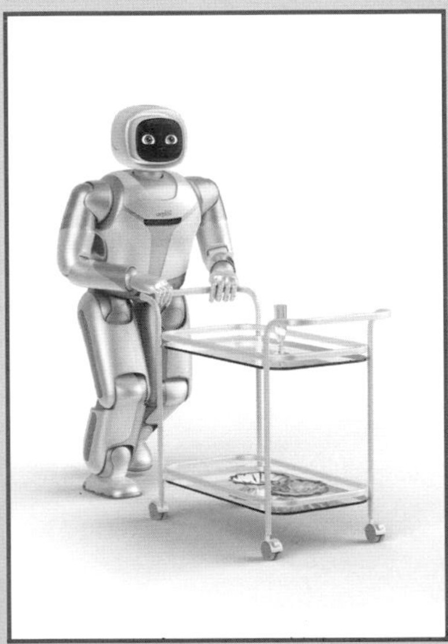
▲雙腳行走，可以開關門，還能高舉物品的人形機器人「Walker」。

祕密道具不再遙不可及？

其實大家已經在用祕密道具生活了！

發明時光機和任意門真的很難，但在祕密道具中，有些類似的物品已經發明出來了。本節介紹的道具全都是哆啦A夢漫畫推出時沒有的東西，從略早一點的時代回頭看，這些可說是近年來的發明，當成祕密道具使用的感覺也很有趣。

●宇宙完全大百科終端機

「宇宙完全大百科終端機」可以尋找宇宙中所有資料。話說回來，雖然無法找到「宇宙中所有的資料」，但生活在現代的我們，仍能透過網路或搜尋引擎查詢各種資料。網路可說是發揮了類似的作用。

我們只要在搜尋引擎輸入想知道的事或想查詢的詞彙，就能找到許多資料。凡是上傳到網路的資訊，無論身處在世界的哪個地方都能找到。

不過，若想得到自己真正想要的資訊，必須一一確認內容，篩選出結果。有時候還會找到錯誤訊息或看起來很逼真的虛假資訊，一定要特別小心。儘管AI助理將會越來越聰明，但是像宇宙完全大百科終端機這類瞬間回答正確答案的道具，至今仍尚未發明。

引自《藤子・F・不二雄大全集哆啦A夢16》的宇宙完全大百科。

●翻譯蒟蒻

「翻譯蒟蒻」可以讓我們毫無阻礙的和動物、外國人，甚至是外星人溝通，要是真的有，那就太方便了。

雖然還做不到像翻譯蒟蒻那樣，吃下去就聽得懂陌生語言，或是和動物、外星人對話，但現在已經有自動翻譯

機和翻譯軟體，可以翻譯各國語言。我們只要對著翻譯機或翻譯軟體說話，就能翻譯出日語或各國語言，以聲音或文字的方式呈現出來。

智慧型翻譯機不只按照文法翻譯，還能收集網路上的數據，翻譯出更精準的文字。而且翻譯精準度年年都在提升。或許將來有一天，我們都能使用翻譯機，和世界上的人自由對話。

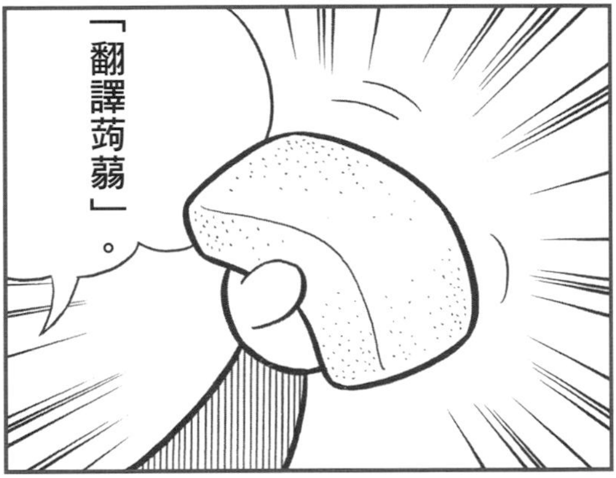

引自《藤子・F・不二雄大全集　大長篇哆啦A夢4》大雄的日本誕生。

●一模一樣銅像套裝

以「一模一樣銅像套裝」拍攝人物照後，按下按鈕就會做出和影中人一模一樣的銅像。

事實上，只要使用「3D掃描機」、「3D-CAD」與「3D列印機」，也能做到一樣的事情。現在已經有公司提供3D列印公仔和銅像的服務，只要拍下幾張人物照傳送過去，就能收到想要的商品。

●文字解讀機

「文字解讀機」可以精準解讀凌亂的手寫字，事實上，現在已經有工具和應用程式具備類似功能。

讀取手寫字和印刷文字，再轉化成數位檔的過程稱為「光學字元辨識」（OCR）。將紙類文件電子化的好處是方便檢索或再利用，還能縮短工作時間，提升工作效率，因此這項技術經常運用在工作領域上。

●無線傳聲筒

「無線傳聲筒」可以隨身攜帶，隨時隨地打電話，各位是否覺得似曾相識？行動電話和智慧型手機正是重現無線傳聲筒的發明。無線傳聲筒必須打給同樣持有無線傳聲筒的對象，但行動電話可以打給任何型態的電話，可說是更加進化的發明。

除了此處介紹的道具之外，替身錄影機、空調裝、下雪機、人體操縱機、六面照相機等祕密道具，如今也都發明出相同功能的工具和機器。各位不妨看看自己身邊，是否還有類似祕密道具的用品吧！

現代與未來的發明

在不久的將來，還會有什麼發明問世呢？讓我們從最新的發明預測未來的發明吧！

全自動？在空中飛？未來的代步工具

拜發明所賜，我們的代步工具從步行、汽車、蒸汽火車再進化到電車，這一切我們都看在眼裡。話說回來，未來的代步工具又會如何改變呢？各位不妨想一想。

●自動駕駛車

各位聽過自動駕駛車嗎？汽車不僅會自動踩油門和剎車，駕駛無須動手，還能主動前進。

▲如能成功開發出完全自動駕駛功能，很可能改變全家人開車兜風的體驗。

自動駕駛等級區分為零到五級，如今可以在日本公路上行駛的是等級三的自動駕駛車。等級三的自動駕駛車可在指定條件下開啟自動駕駛，但遇到緊急狀況還是需要駕駛者自行操作車輛，屬於「有條件自動駕駛」。等級五的自動駕駛車正朝著二〇二五年實現的目標開發，若自動駕駛開發成功，駕駛技術不好的人或行動不便者，也能坐車去想去的地方。

●飛天車

飛天車是經常出現在近未來科幻電影的代步工具，描繪出未來的移動方式，是令人滿心期待的發明。

世界各國都在推動飛天車的開發，日本的SkyDrive與CARTIVATOR公司，成功的在二〇二〇年完成載人飛行測試。加上日本政府也有意扶植飛天車產業，因此根據最新公布的消息，上述公司將在二〇二三年左右展開飛天車事業。相信在不久的將來，我們可以看到飛天車在空中往來的情景。

身邊周遭的最新機器
實現令人期待的美好未來

不只是交通工具，我們的生活周遭也陸續出現令人期待的新發明，讓我們更加接近科幻小說的世界，一起來看看有哪些發明吧！

●穿戴式裝置

蘋果公司推出的智慧型手錶「Apple Watch」是知名度最高的穿戴式裝置，許多廠商也都有推出各種手錶型穿戴裝置，搭載各種功能。有些可以檢測心跳數、消耗熱量、睡眠時間等，有些還具備電子錢包、音樂播放等功能。

此外，眼鏡型穿戴裝置也已經完成商品化，使用者可以享受大螢幕的投放樂趣，也能拍攝照片和影像，顯現在眼鏡鏡片螢幕上的外文字幕，也會自動翻譯成本國語言，功能真的很強大。

▲眼鏡型穿戴式裝置可以隨時隨地投影自己喜歡的影片。

●3D列印機

第一二七頁上介紹的3D列印機可以將3D數位檔列印成立體物品，可說是劃時代的發明。目前許多製造工場的第一線皆導入了3D列印機，可以直接列印需要的零件；醫療現場也利用3D列印機印製醫療模型，有些廠商甚至推出適合一般家庭使用的3D列印機商品。

此外，有些3D列印機還能列印食品，可以依據個人喜好改變外觀和口感，還能讓食品含有必須營養素，當你待在買不到食材或沒有人做菜的地方，還是能吃到各種料理，由於這個緣故，各國都在積極開發研究。日本也展開利用3D列印機列印壽司的「超未來壽司屋」的計畫。肥料與農藥的發明讓全世界的人有足夠糧食可以吃，這一點雖然很重要，但美味的料理也很重要。

超真實場景模型照片大作戰

很棒吧？
這是我拍的場景模型照片。
哇哈哈哈，這是場景模型照片？
真是糟蹋了這麼好的機器人！
用同一個機器人，我拍出來的是這樣。
※震撼

做得這麼粗糙，還叫場景模型照片，真是令人生氣。
玩模型是一門深奧的學問。
比較看看這兩張照片，就顯露出這個人對模型到底認真到什麼程度！
喔？原來是這樣啊。
我每天都努力研究呢！
什麼研究？
我有看「模型精選圖鑑」，
還有請小吉哥當我的家教。
還有家教？
我把倉庫改裝成拍攝場景模型照片的攝影棚。
讓我看！我想參考。
這是我神聖的模型修行處，大雄想看的話，十年後再來吧！
哆啦A夢！

Q 第一位獲得諾貝爾獎的女性得主是哪一位？①泰瑞莎修女 ②翁山蘇姬 ③居禮夫人

A ③居禮夫人。她與丈夫皮耶・居禮一起在一九〇三年獲頒諾貝爾物理獎，成為第一位諾貝爾獎女性得主。

我想要拍像實物一樣有魄力的場景模型照片啦！一定要讓小夫嚇一跳。
玩模型只要照自己喜歡的做法去做就好了，不是嗎？
才不是這樣，模型是一門學問，有它的精粹。小夫有請家教還有攝影棚呢!!
？
總而言之，先來看看他的攝影棚吧。
當小夫家教的小吉哥，聽說是模型界的名人。
你覺得新的場景模型照片如何？
我覺得拍得還不錯。

沒有感覺……不配稱為場景模型照片。
什麼!?
還記得場景模型照片最重要的「三感」是什麼嗎？
是質感、距離感，還有分量感。
※丟
這個模型一點也沒有金屬製的質感。
只是個塗上噴漆的玩具而已！
對不起，因為急著完成，少了風化的程序……
真嚴格。
距離感是零!!
場景模型照片的背景一定要讓人有無限遼闊的感覺。
好好利用遠近法，我先示範給你看。
眼前的大樓窗戶要大，遠方的窗戶要小，這是常識。
遠處的牆壁要配合相機的視點高度，個別點出遠近。

Q 日清杯麵受歡迎的重要推手是什麼？①名人吃了 ②出現在新聞畫面上 ③推出巨幅廣告

利用篩子撒下覆蓋在地面上的粉末，顆粒粗的撒在前方，越遠則是越細……
怎麼樣？完全不一樣吧！
太棒了!!
好像真的一樣耶，可以拍出有魄力的照片了！
別高興得太早。
拍照時，機器人如果無法給人巨大的分量感就沒意義。
其中一個辦法就是使用對照法，把小物體也拍進去。
例如，鐵路的模型或是九厘米規格的人物模型……
另外一個方法是用廣角鏡頭拍攝，
Nekon
使用廣角鏡頭可以把空間強調出來。
雖然這種方法不錯，唯一的缺點就是……
要把相機靠得非常近。
如此一來，旁邊的布景很多會拍攝不到。

A ②出現在新聞畫面上。一九七二年「淺間山莊事件」，新聞即時畫面播出機動隊員吃日清杯麵充飢的情景，因此聲名大噪。

所以要盡量縮小光圈，還有加強照明，並採用慢速度快門……
呼啊～
場景模型照片怎麼那麼複雜啊？
不用那麼麻煩，
只要用實體大小的模型就好啦！
把跟實物一樣大的機器人，放到實體的布景中……
就決定這樣!!
我去百貨公司買。
哇!!
小夫有什麼了不起，有家教算什麼！
什麼!?拍出比我更好的場景模型照片!?
嗯，是世界最棒的喔！
好啊！你就拍出來給大家看吧！
看看到底哪邊比較好！

Q 發明「乾電池」的是日本人，這是真的嗎？

真的有那麼棒的照片嗎？
拍得出來嗎？
你們等著看吧!!
哆啦A夢差不多回來了吧！
那個……
實體大的模型太貴了，我錢不夠。
那我和小夫的約定要怎麼辦？
你又亂答應人家了!!
我還有事……
逃走就太奸詐了！
口袋掉了。
要向小夫道歉……
不，我做不到!!
只好盡量試試看了！
首先是質感。
反正我也搞不清楚先上顏色再說吧！

A 真的。不會滲漏電解液的「乾電池」是在一八八七年由日本手錶工匠屋井先藏發明的。

Q 取得專利有年齡限制，這是真的嗎？

……應該看不出是剛上好漆的玩具吧！
可是這個場景也太……
看看哆啦A夢的口袋有什麼。
啊！是「縮小燈」耶。
還有「速成迷你模型製造相機」。
對了!!
用相機去拍大樓就好了。
把場景擺放好……
破壞它……
再放上機器人。
然後用「縮小燈」把自己變小。

A 假的。取得專利沒有年齡限制，實際上曾出現過五歲發明者取得專利的例子。

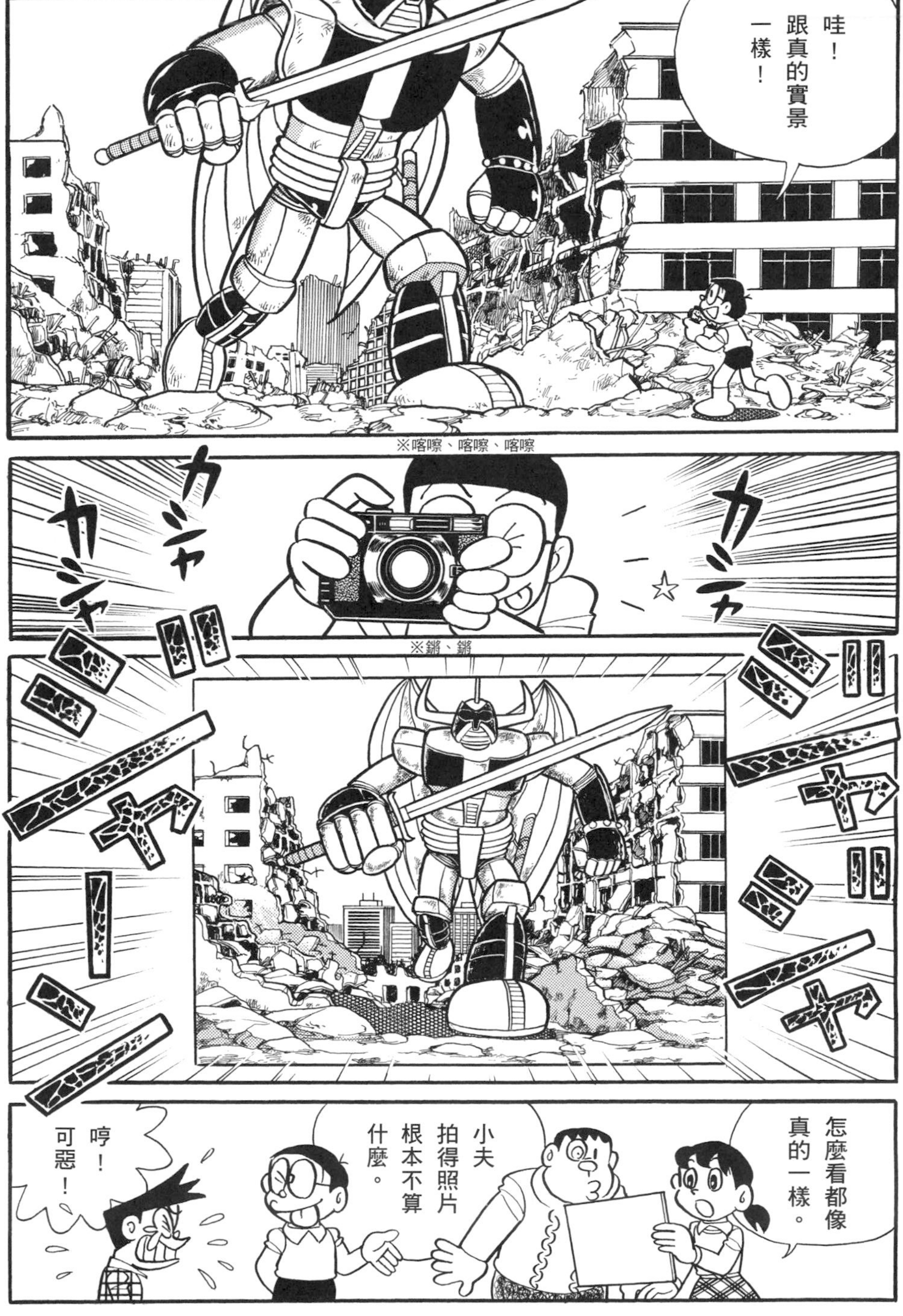

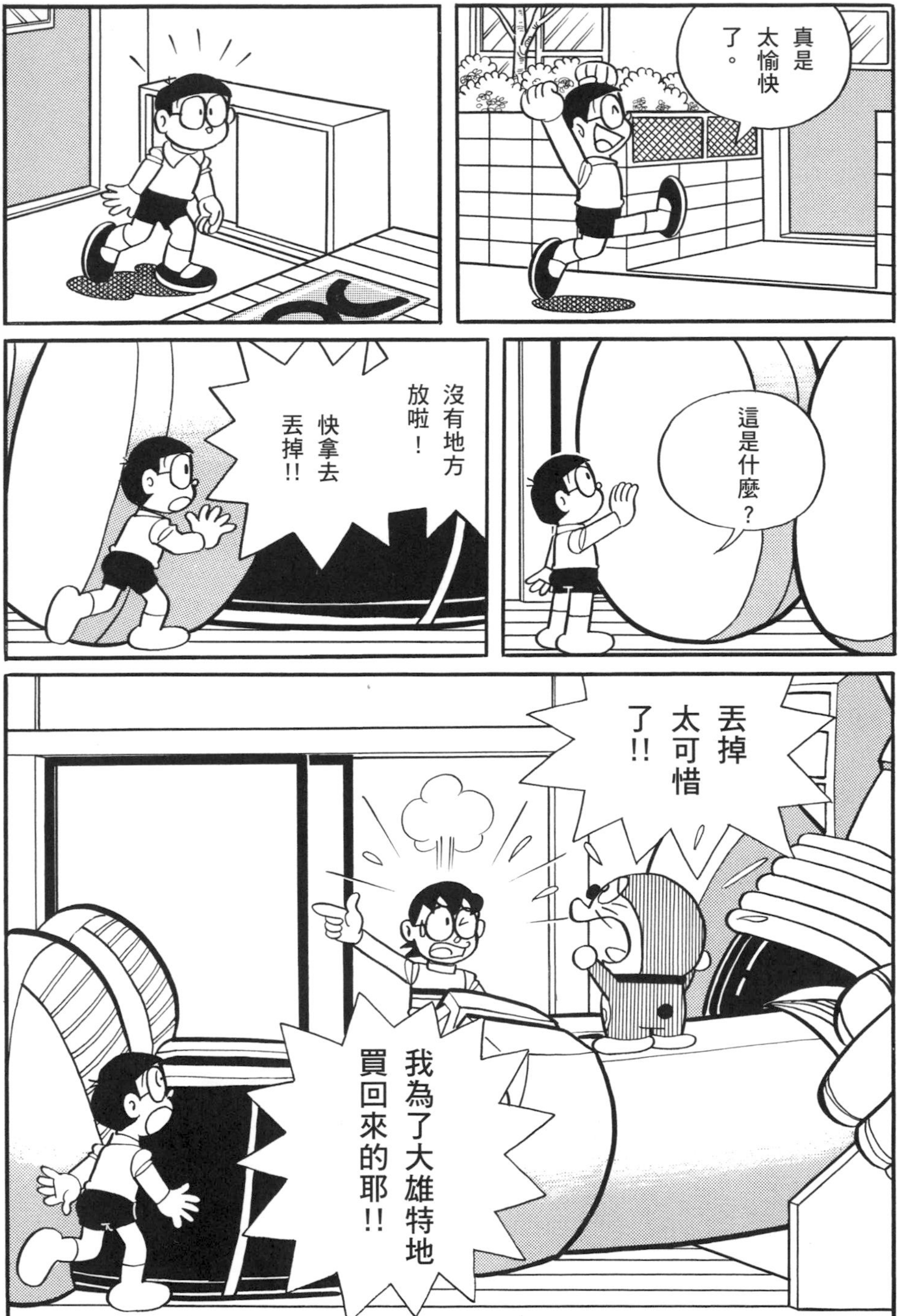
真是太愉快了。
這是什麼？
沒有地方放啦！快拿去丟掉!!
丟掉太可惜了!!
我為了大雄特地買回來的耶!!

改變世界的偉大發明家【世界篇】

創造發明的人稱為發明家，而發明家都是些什麼樣的人呢？有些人是以發明家的身分進行開發，有些則是化學和物理專家在自己的領域持續研究，最後創造出新的發明。本章為各位介紹世界上的知名發明家。

發明生活必須品的知名發明家

首先介紹的是發明出生活必須品的知名發明家。

●蔡倫（中國的後漢時代）

蔡倫是中國後漢時代的朝廷官員。紙是中國古代的發明。蔡倫則是讓紙實用化的重要推手，他想出便宜製造紙張的方法，將破布與魚網的碎屑和樹皮搗碎成泥狀，再倒入膠水製成紙漿，接著用篩子撈起，做成紙。以這個方式做成的紙又薄又軟，還能折疊，稱為「蔡侯紙」。

▲由於用來寫字的綢布太過昂貴，蔡倫才會發明出價格實惠的紙張。

由於蔡侯紙十分好用，很快普及開來。

●詹姆斯．瓦特（一七三六至一八一九）

出生於英國的機械工程師與科學家，也是之前介紹過的「蒸汽機」與「影印機」的發明人。

瓦特在格拉斯哥大學負責製作與修理科學機器，湯瑪斯．紐科門發明的蒸汽機就是他修理的。修理過程中，瓦特發現紐科門的蒸汽機會不斷重複冷卻和加熱水的步驟，白白浪費掉許多燃料。因此他著手進行改良，成功開發出不浪費燃料，燃燒效率更高的蒸汽機。瓦特一生總共拿到六項專利。

順帶一提，電力與功率的單位瓦特（W）就是取自詹姆斯．瓦特的名字。蒸汽機被視為工業革命的象徵，其功績備受肯定，才會採用他的名字做為單位名稱。

●亞歷山卓・伏特（一七四五至一八二七）

義大利物理學家，發明電池構造的人。伏特在研究電力結構的過程中，發現將銅、鋅與食鹽水混在一起就會產出電。他再根據這項發現，於一八〇〇年發明了在銅與鋅、錫等金屬片之間，夾入浸泡過食鹽水的布，以此方式發電的「伏特電池」。為了肯定其功績，「伏特」（V）成為電壓的基本單位，至今我們仍能在許多地方看到電壓（V）標示。

▲伏特揭開了發電之謎。

●湯瑪斯・愛迪生（一八四七至一九三一）

一提到發明家，相信許多人第一個想到的肯定是愛迪生。湯瑪斯・愛迪生從小就具有旺盛的好奇心，對許多事物抱持疑問，充滿熱情。就讀小學的時候，他因為無法融入校園生活，加上家庭因素，三個月後便輟學了。輟學之後，他當報僮存錢，建立自己的研究室，創造出許多發明。

第七十六頁曾經提及，愛迪生發明一般家庭使用的燈泡，其實他還發明了留聲機、活動電影（電影的原型），攝影機、活動電影放映機等等。他一生取得超過一千項專利，自行創業製造商品並普及於市場，讓人類生活充實豐富。人們為了宣揚他的精采事蹟，稱他為「發明王」。

在數理領域活躍的女性發明家

前面章節介紹的發明大多出自男性發明家之手，其實這個世界上也有許多成就卓越的女性發明家。接下來向各位介紹在物理學和程式設計等數理領域創造有用發明的女性發明家。

●葛麗絲・霍普（一九〇六至一九九二）

美國海軍准將及電腦科學家，程式開發的先驅，人稱「電腦程式女王」。程式開發資歷長達五十年左右，參與美國第一台電氣機械式電腦哈佛二號「Mark II」的研發工作，和世界第一台商用電腦「UNIVAC I」的軟體製作。

一九五九年開發出程式語言「COBOL」。

程式語言是讓電腦運作的人工語言，霍普開發的程式語言編碼方式很接近簡單的英語，比較容易解讀，讓更多人接觸程式語言。順帶一提，程式語言的錯誤稱為「BUG」，這個詞彙也是霍普第一個使用並廣為人知。

▲霍普由於功勳卓著，而被譽為「Amazing Grace（不可思議的葛麗絲）」。

影像來源／ Lynn Gilbert via Wikimedia Commons

●唐娜・史垂克蘭（一九五九～）

加拿大的光學研究學者，與法國的熱拉爾・穆魯共同發明出可以在瞬間發射出超強雷射脈波的「高強度超短脈衝光束」技術。這項技術被運用在癌症的雷射治療、視力矯正手術以及生物學實驗等領域。

這項發明受到了肯定，因此史垂克蘭與剛剛提過的穆魯，以及美國的阿瑟・阿什金一起榮獲了二〇一八年的諾貝爾物理獎。

▲史垂克蘭女士是第三位獲頒諾貝爾物理獎的女性得主。

影像來源／ Ecole polytechnique/Paris/France via Wikimedia Commons

知識小專欄

發明要靠眾人的努力才能實現

前面章節介紹的發明都無法靠一個人的力量完成，必須靠身邊所有人的建議與協助，才能成功創造出來。

以第九十二頁的華岡青洲為例，多虧有他的媽媽和妻子的幫助，他才能完成所有實驗，開發出「通仙散」。由於藥性猛烈，他的媽媽不幸身亡，妻子也因此失明，付出極大代價。此外，成立諾貝爾獎的阿佛烈・諾貝爾，在發明黃色炸藥（又稱矽藻土炸藥）的過程中，與他一起做研究的弟弟遭遇爆炸意外亡故。

雖然受到外界注目的都是發明家本人，但各位不要忘記，發明家的背後都有一群人默默的支持他們。

改變世界的偉大發明家【日本篇】

不只是世界，日本也有許多偉大發明家。接下來為各位介紹活躍於各領域的日本發明家。

日本發明家
創造出各式各樣的新物品

不少優秀發明家擁有多項發明，在此介紹的是積極創新，創造出許多發明的發明家。

●安藤百福（一九一〇至二〇〇七）

發明「雞湯拉麵」與「日清杯麵」的實業家。安藤年紀輕輕二十二歲就成立公司，展開各項事業，擔任理事長的信用合作社卻在一九五七年破產，失去了所有財產。不過，他並沒有因此氣餒，反而以此經驗為借鏡，決定開發自己以前就想做的「有熱水就能在家享用的拉麵」。安藤不斷試做麵體，可惜每次都失敗，直到有一天，他看到太太仁子在炸蝦子，想到油炸麵條去除麵條水分可以延長保存期限的作法，後來終於成功開發出全世界第一款泡麵「雞湯拉麵」，並於一九五八年發售。後來還在一九七一年時，開發出隨時隨地都能夠泡來吃的「日清杯麵」。

即使年事已高，安藤仍然熱衷於發明，九十五歲時推出了第三個發明「太空拉麵」，隨著太空人飛上宇宙，並留下「人生永不嫌遲」這句名言。

▲據說安藤看到有人將雞湯拉麵掰成小塊，放進紙杯泡的情景，聯想到日清杯麵的點子。

影像提供／日清食品 HD

●淺川智惠子（一九五八～）

開發出視覺障礙者適用的軟體，為了實現「沒有任何人被捨棄」的社會，努力不懈的資訊處理技術人員。淺川十四歲時因游泳受傷而失明，一九八五年進入IBM東京基礎研究所工作，從事視覺障礙者數位系統的研究。她的

▲淺川女士和指引她往前走的「AI導航行李箱」

影像提供／共同通信社

主要發明包括了以聲音讀取網頁的軟體「Home Page Reader」（HPR）、協助視覺障礙者移動的導航機器人「AI導航行李箱」等，二〇一九年成為第一位入選「美國發明家名人堂」的日本女性。二〇二一年就任日本科學未來館的館長一職。

因有益健康的發明 獲頒諾貝爾獎的發明家

接下來為各位介紹對人類健康有極大貢獻，因而獲頒諾貝爾獎的發明家。

●大村智（一九三五～）

因為開發出驅除寄生蟲的特效藥「伊維菌素」，於二〇一五年榮獲諾貝爾生理醫學獎的肯定。

一九七四年，大村的研究團隊從靜岡縣伊東市土壤中的微生物，發現了可以有效驅除寄生蟲的物質。根據這一項發現，他與共同研究的美國「默克藥廠」開發出伊維菌素。伊維菌素與以其製作出的人用製劑Mectizan®透過世界衛生組織（WHO）無償提供給非洲和中南美洲，有效治療與預防當地的嚴重傳染病。

▲大村發明的伊維菌素每年拯救了許多人的性命。

影像來源／Bengt Nyman via Wikimedia Commons

●田中耕一（一九五九～）

發明蛋白質分析法的工程師，他在二〇〇二年以上班族的身分榮獲諾貝爾化學獎，這一點備受外界注目。

田中在製造產業機器和醫療機器的島津製作所工作，研究可以做為緩衝材料的物質，以便在分析時不破壞蛋白質。有一天，他在實驗試劑裡不小心摻入甘油混合物，繼續實驗後發現，這項混合物可以當作緩衝物質使用。雖是偶然的發現，卻促進蛋白質離子化（照射雷射光轉化為氣體）技術的發明，也讓他獲頒諾貝爾獎。田中獲獎後仍然保持平常心持續研究，目前正在研究從少許血液中早期診斷阿茲海默症等疾病的方法。

▲年輕時的田中耕一。他目前仍以上班族的身分持續研究。

影像提供／日本內閣官房內閣廣報室

●山中伸彌（一九六二～）

各位知道「iPS細胞」嗎？這是組成各種組織與器官的細胞。由山中醫生成立的京都大學研究室發明了iPS細胞，這項研究也讓山中於二〇一二年獲頒諾貝爾生理醫學獎。

山中的父親因為肝臟疾病逝世，所以立志「要讓現代醫療治癒所有不治之症」，決心踏上醫療研究之路。而誠如山中立定的志向，iPS細胞將有助於投入「再生醫療」，促進因受傷、疾病而流失的身體組織重新生長，也能運用在藥物開發上。

▲山中想到在美國研究中的iPS細胞原點的假說。

影像提供／National Institutes of Health

日本特許廳選出的十大發明家

在前方頁面中，介紹了許多活躍於各個領域的日本發明家，但這些人只是一小部分，日本還有許多不同領域的發明家。

舉例來說，負責審查專利的日本特許廳在一九八五年為了紀念日本工業所有權制度（統整特許權、意匠權、商標權、實用新案權等權利）創設一百週年，選出日本「十大發明家」。眾多發明家因為他們創造的卓越發明與創意取得專利，最後選出的十名人選如下表所示。

日本十大發明家

名字	主要發明或發現
豐田佐吉	木製人力織布機
御木本幸吉	養殖珍珠
高峰讓吉	腎上腺素
池田菊苗	麩胺酸
鈴木梅太郎	維他命B1
杉本京太	日文打字機
本多光太郎	KS鋼
八木秀次	八木天線
丹羽保次郎	NE式傳真發送機
三島德七	MK鋼

發明與諾貝爾獎

諾貝爾獎頒發給對人類做出最大貢獻的人

「諾貝爾獎」每年都會頒發給對人類做出最大貢獻的人，相信各位都聽說過。在將近一百二十年的歷史中，無論任何國籍的人都能獲獎，諾貝爾獎可說是貨真價實的「國際獎項」，對科學家和技術人員來說，可說是至高無上的榮譽。

諾貝爾獎一共有生理醫學獎、物理學獎、化學獎、文學獎與和平獎，一九六九年增加了經濟學獎，

總共六個獎項。其中，物理學獎、化學獎、生理醫學獎皆頒發給各個領域中，貢獻出重要發現或發明的人。換句話說，發明也與諾貝爾獎有關。

世界名人也能獲頒諾貝爾獎

諾貝爾獎中負責審查各獎項得主的團體皆不同，舉例來說，物理學獎、化學獎和經濟學獎是由瑞典皇家科學院；生理醫學獎由卡羅林斯卡學院進行評選。而且從獎項頒發的那一天起的五十年之內，候選名單和評選過程都要嚴格保密。

儘管各個獎項的評選委員會皆不同，但唯一的共同點是，獎項只頒給在該領域功勳卓著的人，不分任何國籍。不過，不頒發給過世者，而且得主僅限一人，每個獎項的候選人最多三位。此外，和平獎得主不限個人，團體也能獲獎。

家喻戶曉的名人當中有不少是諾貝爾獎得主。像是提出「相對論」的愛因斯坦，就在一九二一年獲頒物理學獎。此外，以《居禮夫人》傳記聞名的瑪麗・居禮，在一九〇三年獲頒物理學獎，並於一九一一年獲頒化學獎。像居禮夫人這樣，跨獎項榮獲諾貝爾獎的得主十分罕見。

諾貝爾獎起源於某項發明

對科學家和技術人員來說，諾貝爾獎是最高殊榮，但各位知道諾貝爾獎是從什麼時候、由誰成立的嗎？此外，諾貝爾獎起源於某項發明，各位知道這項發明是什麼嗎？答案是「黃色炸藥」。

一八六六年，瑞典的阿佛烈・諾貝爾發明了黃色炸藥，後來設立了諾貝爾獎。諾貝爾因為黃色炸藥的發明賺取龐大財富，他在遺囑中表明「請用我的財產成立基金，每年用這個基金的利息作為獎金，獎勵那些在前一年為人類做出卓越貢獻的人」。

在諾貝爾亡故四年之後，一九〇〇年諾貝爾基金會成立，隔年即開始頒發諾貝爾獎。順帶一提，在第九十頁上介紹的X光發現者威廉・倫琴正是第一屆諾貝爾物理獎得主。

由於諾貝爾生前從未提過設立諾貝爾獎，因此沒人知道為什麼他要這麼做。唯一可以知道的是，黃色炸藥的發明使戰爭奪走更多人的性命，也促成諾貝爾獎的設立。

諾貝爾獎的頒獎典禮設在每年諾貝爾的忌日，也就是十二月十日舉行。諾貝爾獎得主可以獲得獎狀、獎牌，以及大約三千萬元台幣的獎金。

日本主要的諾貝爾獎得主

前面介紹了幾位日本的諾貝爾獎得主，其實還有許多日本人也獲頒過諾貝爾獎。過去除了經濟學獎之外，五個獎項都有人得過，近年來尤以化學獎、物理學獎、生理學或醫學獎的獲獎者最多。

舉例來說，二〇一四年，赤崎勇、天野浩、中村修二等三人，因為發明LED燈泡使用的藍色LED（發光二極體）獲頒諾貝爾物理獎。紅色與綠色LED已經在一九六〇年代開發出來，但藍色LED相當難做，專家還曾表示二十世紀不可能做得出來。但赤崎、天野與中村接續別人放棄的研究，最後成功開發出藍色LED並完成實用化。藍色LED的發明讓製造商可以做出白色LED，耗電量比既有的白熾燈低，還能做出使用壽命更長的LED燈泡。

此外，第九十五頁介紹過的鋰電池發明者吉野彰，在二〇一九年獲頒諾貝爾化學獎。發明三十四年後才獲獎的原因，在於鋰電池可以儲存太陽能或風力發電等可再生能源，發揮卓越價值。鋰電池擴展了實現綠色社會的可能性，無須使用化石燃料的環保世界並非夢想。

下表統整了因為卓越發現與發明榮獲諾貝爾獎的日本人。

因卓越發現與發明榮獲諾貝爾獎的主要日本人（節錄）

獲獎年份	姓名	分類	主要獲獎理由
1973年	江崎玲於奈	物理學獎	發明半導體「江崎二極體」
2000年	白川英樹	化學獎	對於導電性高分子的發現與開發貢獻卓著
2002年	田中耕一	化學獎	發明分析蛋白質質量的方法
2008年	下村脩	化學獎	發現綠色螢光蛋白質與對生命科學做出極大貢獻
2012年	山中伸彌	生理醫學獎	發明「iPS細胞」，促進體內各種細胞生長
2014年	赤崎勇	物理學獎	發明「藍色發光二極體」，有助於製造省能源又明亮的白光LED燈泡
	天野浩		
	中村修二※		
2015年	大村智	生理醫學獎	發明寄生蟲傳染病的藥物「伊維菌素」
2015年	梶田隆章	物理學獎	發現微中子震盪，證明微中子是有質量的
2018年	本庶佑	生理醫學獎	發現利用免疫機制的癌症治療法
2019年	吉野彰	化學獎	發明製造鋰電子的基礎技術

※現國籍非日本。

風神的騷動

這種天氣不用開冷氣！
已經九月了耶。
九月又怎麼樣？
就算現在是十二月，熱的話還是要開冷氣啊。
今年我們第一次買冷氣，因為太稀奇了，所以不管早晚都開……結果被電費嚇了一大跳。

真沒辦法。
用那個好了，雖然有點麻煩。
強力扇子「風神」。
※搧搧、咻
用什麼扇子嘛。
只會讓手變瘦。
這個不一樣。
只要輕輕搖一下，空氣就會大量流通……
像是一直在搧一樣。
ピク
借我、借我。
只要看見稀奇的東西，馬上就有這種反應。
別太用力喔。
※啪噠、啪噠
※飛走
ビュウ

所以我才叫你別太用力嘛。
不過這個真厲害耶。
你要去哪裡？
要幫我搧風？那真是太好了。
※啪嗟、啪嗟、咻
還給我！
這個不是用來惡作劇的。
你老是亂用我的道具，讓事情變得很麻煩。
我想到一個有趣的用法。
我來猜猜看。
你一定是想對胖虎展開報復對吧？
你一定這麼想，不行！
不是這樣啦。

發明家養成器Q&A

Q 江戶時代的發明家平賀源內小時候發明了什麼？①機關人偶畫 ②雙陸棋 ③歌牌

A ①機關人偶畫。十一歲時創作了一幅機關人偶畫《神酒天神》，添加一些小機關，天神的臉會變色。

啊，我知道了。
你打算把靜香的衣服颳走。
真是下流，絕對不行。
誰說要做這種事了。
※啪噠、啪噠、飄浮
總之，你先借我兩個。
這個很難控制力道。
※匡
哇！
哇啊！
還真是困難啊。
我不行了。
哎呀~這個想法很有意思耶！

只要練習一定能飛得很好。
這個一定會變成比滑翔翼更流行的運動喔。
你會因為發明這個運動而名留青史。
真的嗎？
那就把這個運動命名為「啪噠啪噠輕飄飄」吧！
再組個啪噠啪噠輕飄飄的聯盟，你就是理事長。
不久後將成為奧運的正式項目……
耶！
為了那天的到來，趕快來練習吧！
你們在做什麼？
啪噠啪噠輕飄飄？
好像很有趣。
也借我們扇子吧！
借你們可以，
不過要先加入聯盟，並且希望你們遵守聯盟的規定。

Q 日本何時建立專利師制度？①一九九九年②一八九九年③一七九九年

A ②一八九九年。實施「特許代理業者登錄規則」，只有通過特許（專利）代理業者考試者才能代辦專利申請業務。

只要配合上升氣流就行了，跟鳥一樣啊。
好好玩喔。
ギューーン
パタパタ
哇！
看清楚前面再飛啊。
你閃開不就好了。
囉哩八唆。
バタバタ
不可以搧別人啦。
パタパタ
※俯衝
※啪噠、啪噠
※啪噠、啪噠
※啪噠、啪噠

發明家養成器Q&A

Q 日本的「實用新案權」存續期間為申請後幾年？①十年 ②二十年 ③三十年

A ① 十年。意匠權（設計專利）是申請後二十五年；商標權是設定登錄後十年，但可以一直更新。

發明家的大發明

如果胖虎和小夫想欺負我，我就能立刻逃跑──
給我那種道具吧。
你這個人啊……
與其靠道具，還不如振作點，別讓人欺負比較好。
否則永遠都沒毅力又遲鈍，總是被大家瞧不起……
生氣～
也不用說得那麼過分吧？
我是為了你好啊。
再也不照顧你了。
我要回去了!!
回去！快回去，再也別來了!!

※關上
ピシャ
哆啦……
哼…
少了那傢伙，我才樂得輕鬆呢。
那傢伙！
我再也不想看到他了!!
高祖父會很頭痛吧。
他越頭痛越好！
不打算回去嗎？
不想！
除非大雄哭著向我道歉。

發明家養成器Q&A

Q 休閒零食「蘑菇山」的造型已經登錄商標了，這是真的嗎？

A 真的。若立體形狀也能發揮商標功能，就能登錄立體商標。

大雄在那!!
喂，站住。
不能隨便在外面走了。
哆啦美!!
因為擔心你，所以我才來的。
真體貼。
和哆啦A夢差真多。
對了，以後就由你來照顧我吧？
那是不可能的。

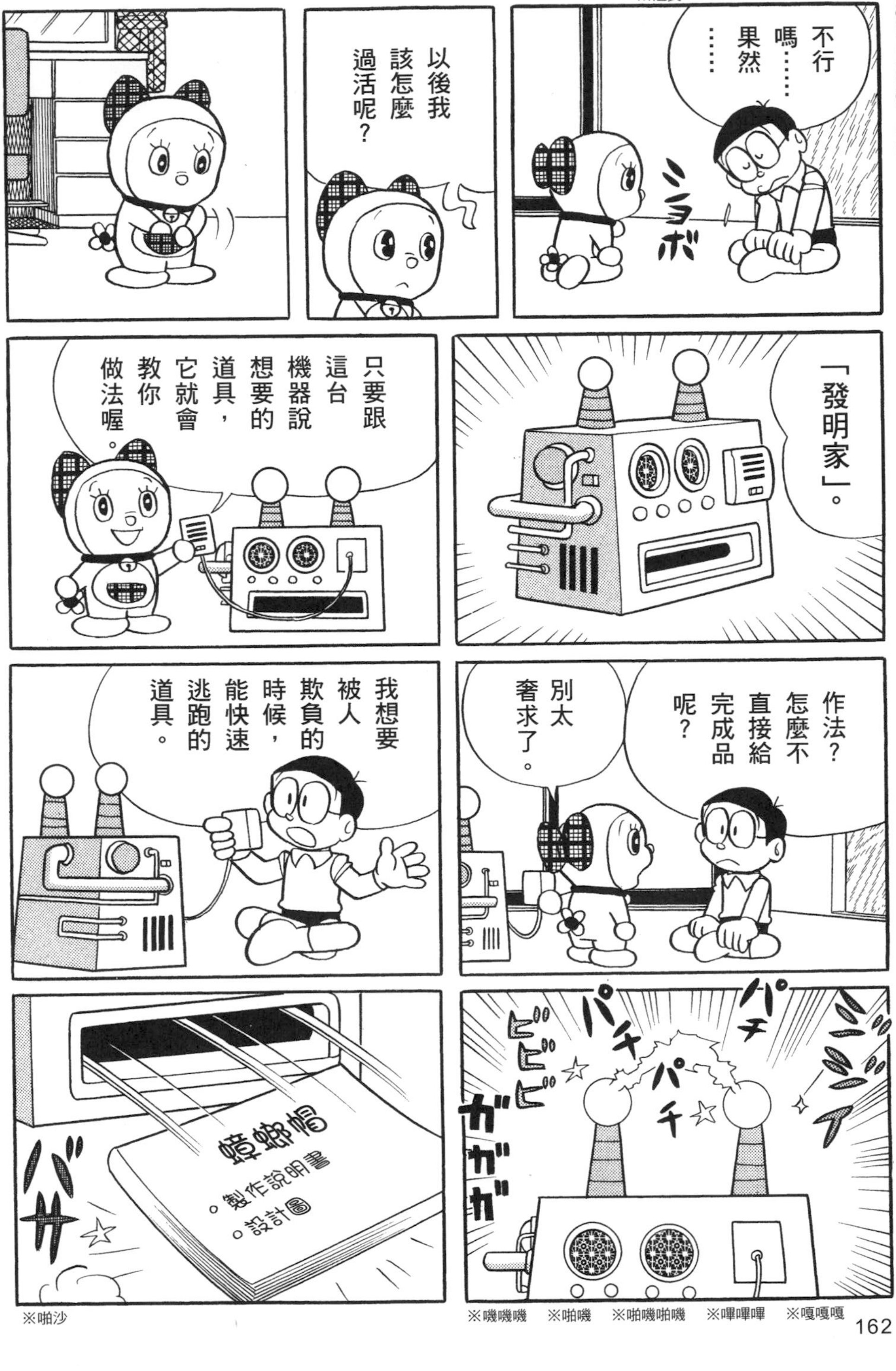
※沮喪
不行嗎……果然……
ショボ
以後我該怎麼過活呢？
「發明家」。
只要跟這台機器說想要的道具，它就會教你做法喔。
作法？怎麼不直接給完成品呢？
別太奢求了。
我想要被人欺負的時候，能快速逃跑的道具。
パチ
ビビビ
パチ
パチ
ガガガ
蟑螂帽
○製作說明書
○設計圖
バサ
※啪沙
※嘰嘰嘰 ※啪嘰 ※啪嘰啪嘰 ※嗶嗶嗶 ※嘎嘎嘎

發明家養成器Q&A

Q 日本第一個登錄設計專利的商品是？①家具 ②織布 ③文具

A ②織布。日本設計專利的第一號登錄案為一八八九年，是織布業者須永由兵衛發明的「條紋布料」設計。

完成了!!
戴上那個後，就能像蟑螂一樣，迅速的逃跑了。
真的能順利嗎？
立刻來試試看。
大雄
!!
※閃
他跑去哪裡了？
這下沒問題了。
大雄來了!!

發明家養成器Q&A

Q 愛迪生取得首個專利時是幾歲？①二十一歲②三十五歲③十六歲

A ①二十一歲。可以迅速統計贊成票和反對票的「電子投票計數器」，是愛迪生第一個取得專利的發明。

而且，是我自己做的道具。
恭喜你，大雄。
只要用這個，大部分的道具你都能做。
儘快和哥哥和好喔。
知道了，謝謝你。
接著要做什麼呢？
我想要能飛翔的機器。
「竹蜻蜓」太沒意思了，我想要哆啦A夢沒有的。
發明新的飛行道具吧！
※嗶嗶嗶
※啪嘰啪嘰
※啪沙
空中步行機
·製作說明書
·設計圖
「只靠雙腳，就能在空中走路的道具」。
好像很有趣!!

發明家養成器Q&A

Q 下列哪一項產品不是日本發明的？①汽車導航 ②塑膠傘 ③相機

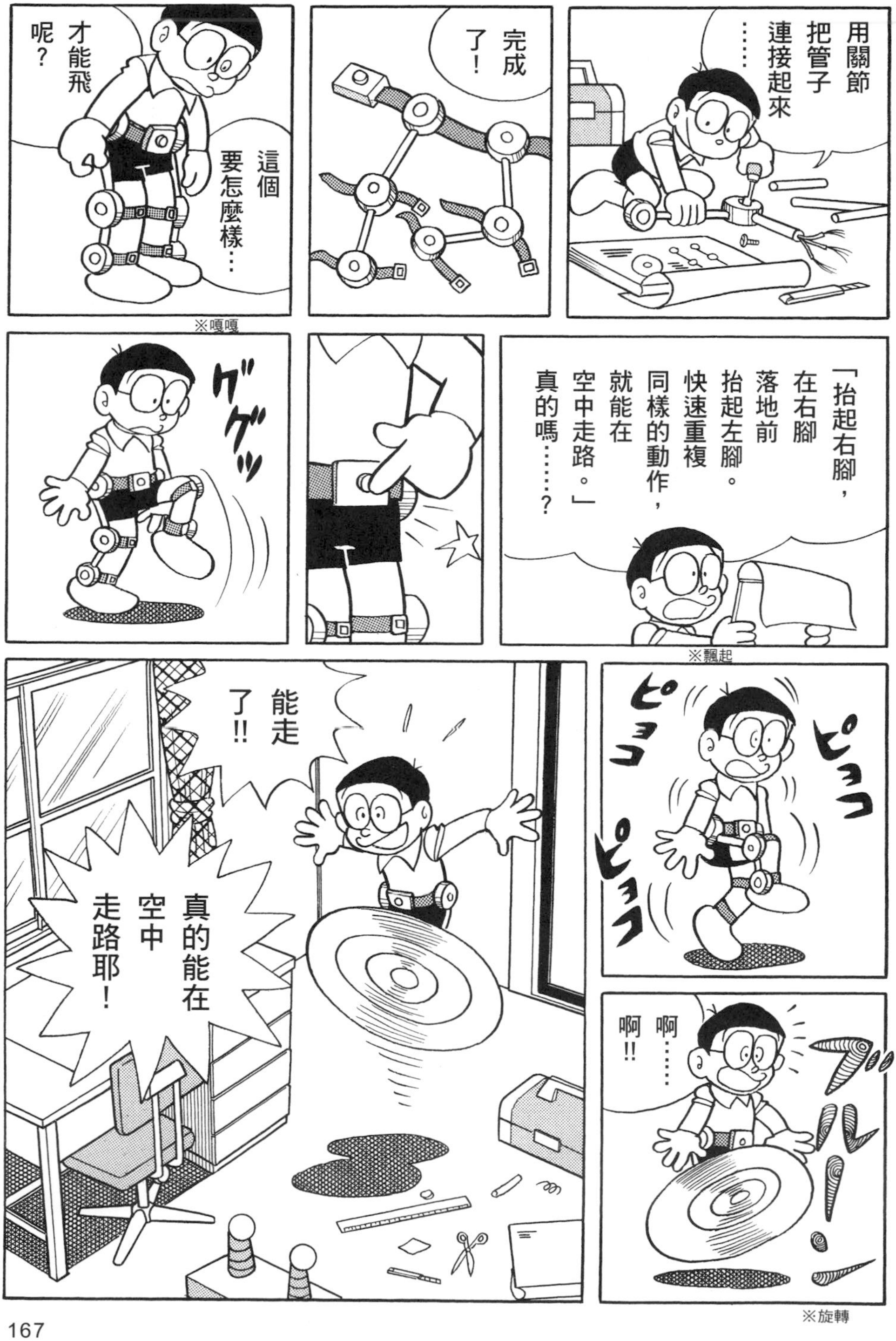
用關節把管子連接起來……
完成了！
這個要怎麼樣……
才能飛呢？
※嗄嗄
「抬起右腳，在右腳落地前抬起左腳。快速重複同樣的動作，就能在空中走路。」
真的嗎……？
※飄起
能走了!!
真的能在空中走路耶！
啊……
啊!!
※旋轉

A ③相機。一八三七年，法國人路易・達蓋爾發明的攝影法成為日後實用相機的開發基礎。

哇啊，大雄在空中走路!!
這是我自己做的喔。
我什麼都能發明。
有想要的東西，就跟我說吧！
大雄做的嗎？真好。
有什麼想要我發明的嗎？
這個嘛……
我想要整年都能看到春、夏、秋，各種季節花朵的花田。
我收到了。
可是，這個道具真累人。
休息一下吧。

發明家養成器Q&A

Q 日本第一座導入自動剪票機的城市是哪一處？①東京 ②大阪 ③名古屋

A ②大阪。第一座是一九六七年設置在京阪神急行電鐵的北千里車站。

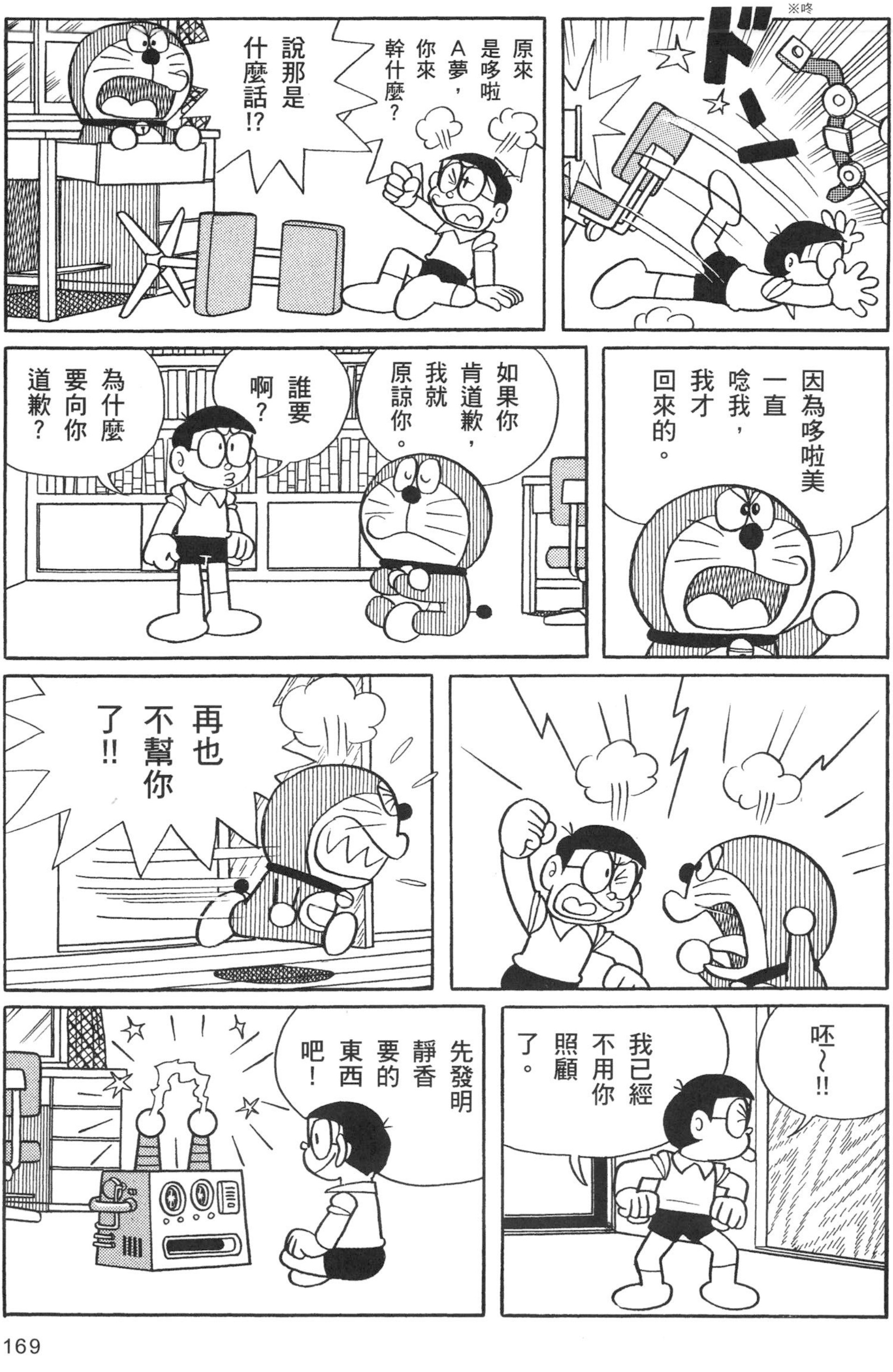
ドン
※咚
原來是哆啦A夢，你來幹什麼？
說那是什麼話!?
因為哆啦美一直唸我，我才回來的。
如果你肯道歉，我就原諒你。
誰要啊？
為什麼要向你道歉？
再也不幫你了!!
哼~!!
我已經不用你照顧了。
先發明靜香要的東西吧！

「春夏秋冬花田」
共分為三個部分，分別維持三個季節的氣候。
太陽燈
水槽
有暖氣、冷氣和送水功能的網架。
春季花
夏季花
秋季花
如何？
哇啊～好漂亮!!
謝謝你。
大雄～
我們有事拜託你。
發明考試能拿一百分的鉛筆吧。
能成為運動員的藥。
零用錢製造機。
都是我想要的東西。
立刻來做吧。

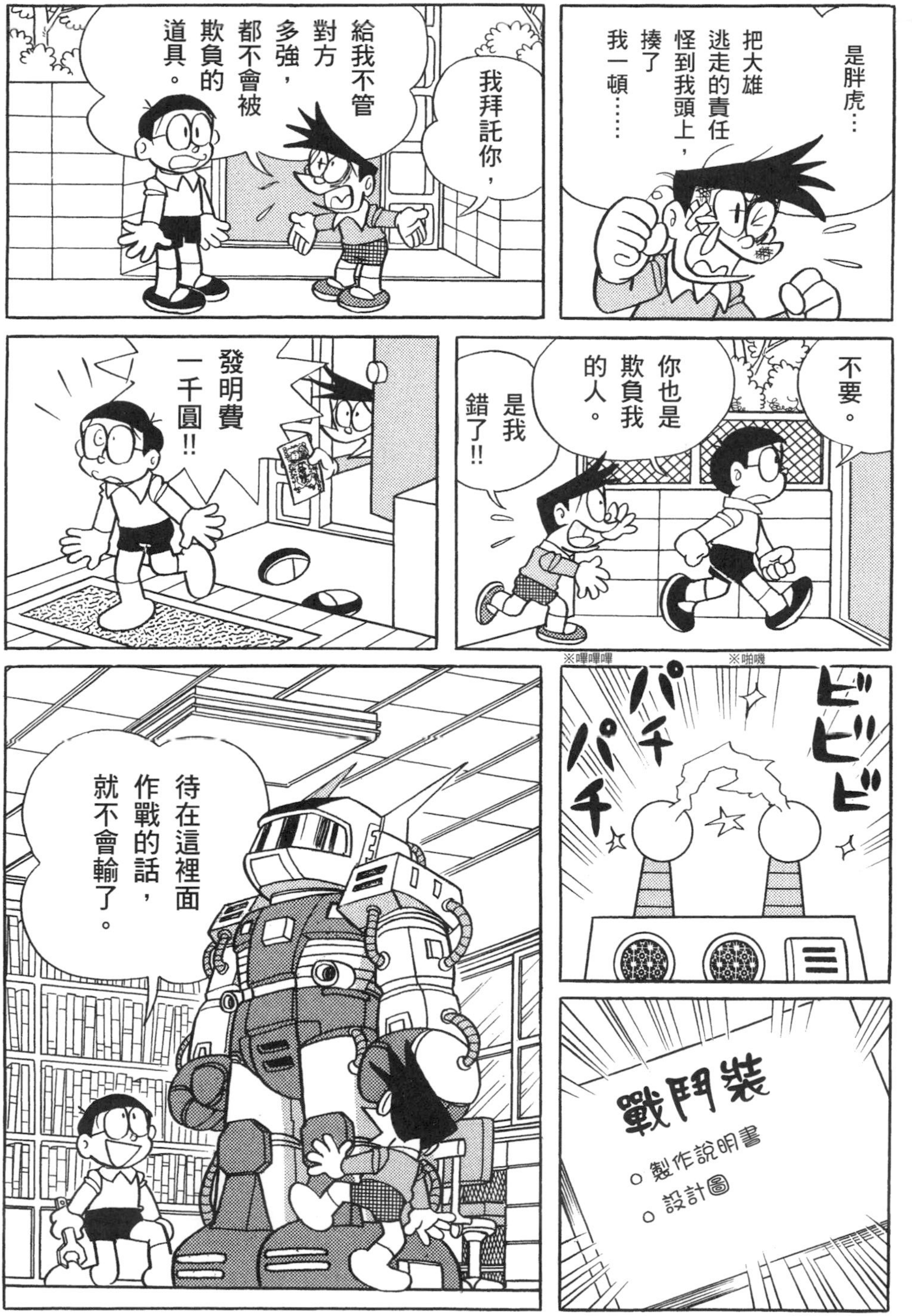
是胖虎……
把大雄逃走的責任怪到我頭上，揍了我一頓……
我拜託你，
給我不管對方多強，都不會被欺負的道具。
不要。
你也是欺負我的人。
是我錯了!!
發明費一千圓!!
※嗶嗶嗶
ビビビ
※啪嘰
パチパチ
戰鬥裝
製作說明書
設計圖
待在這裡面作戰的話，就不會輸了。

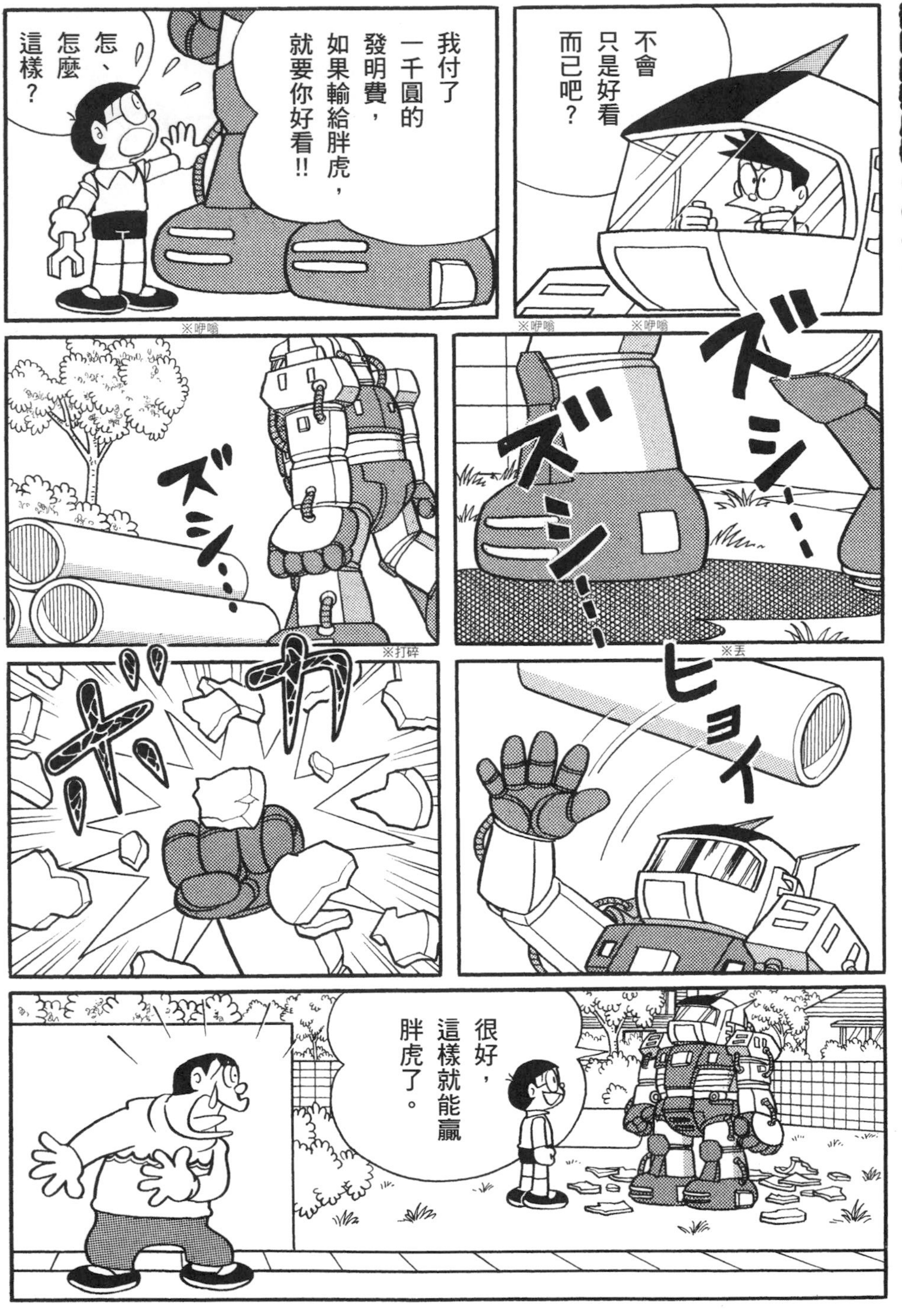

發明家養成器Q&A

Q 「膠囊內視鏡」是患者吞下膠囊就能檢查身體內部的醫療技術，這是真的嗎？

A 真的。只要吞下膠囊就能檢查小腸和大腸的內視鏡技術，現在已經實用化。

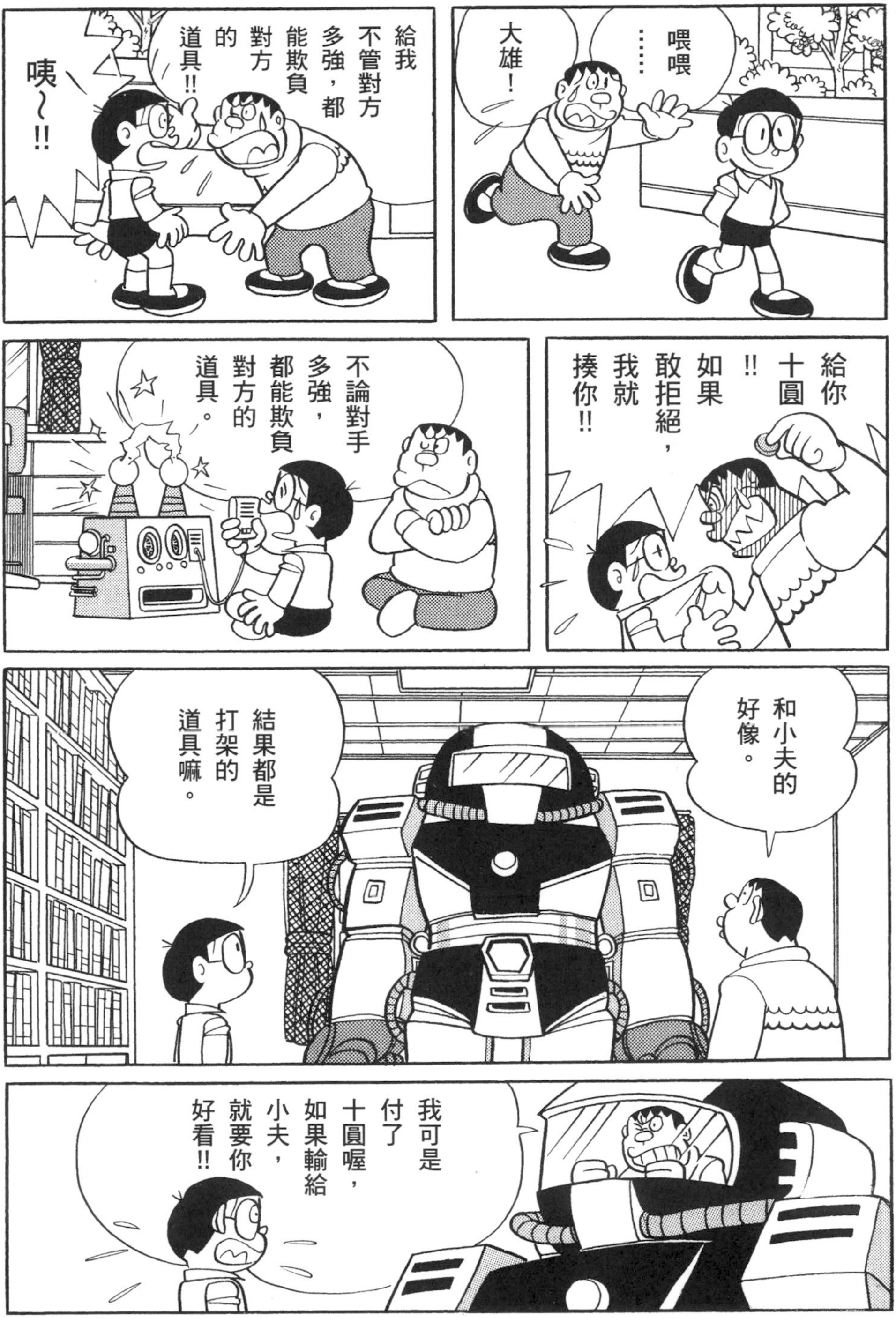

喂喂……
大雄！
給我不管對方多強，都能欺負對方的道具!!
咦～!!
給你十圓!!如果敢拒絕，我就揍你!!
不論對手多強，都能欺負對方的道具。
和小夫的好像。
結果都是打架的道具嘛。
我可是付了十圓喔，如果輸給小夫，就要你好看!!

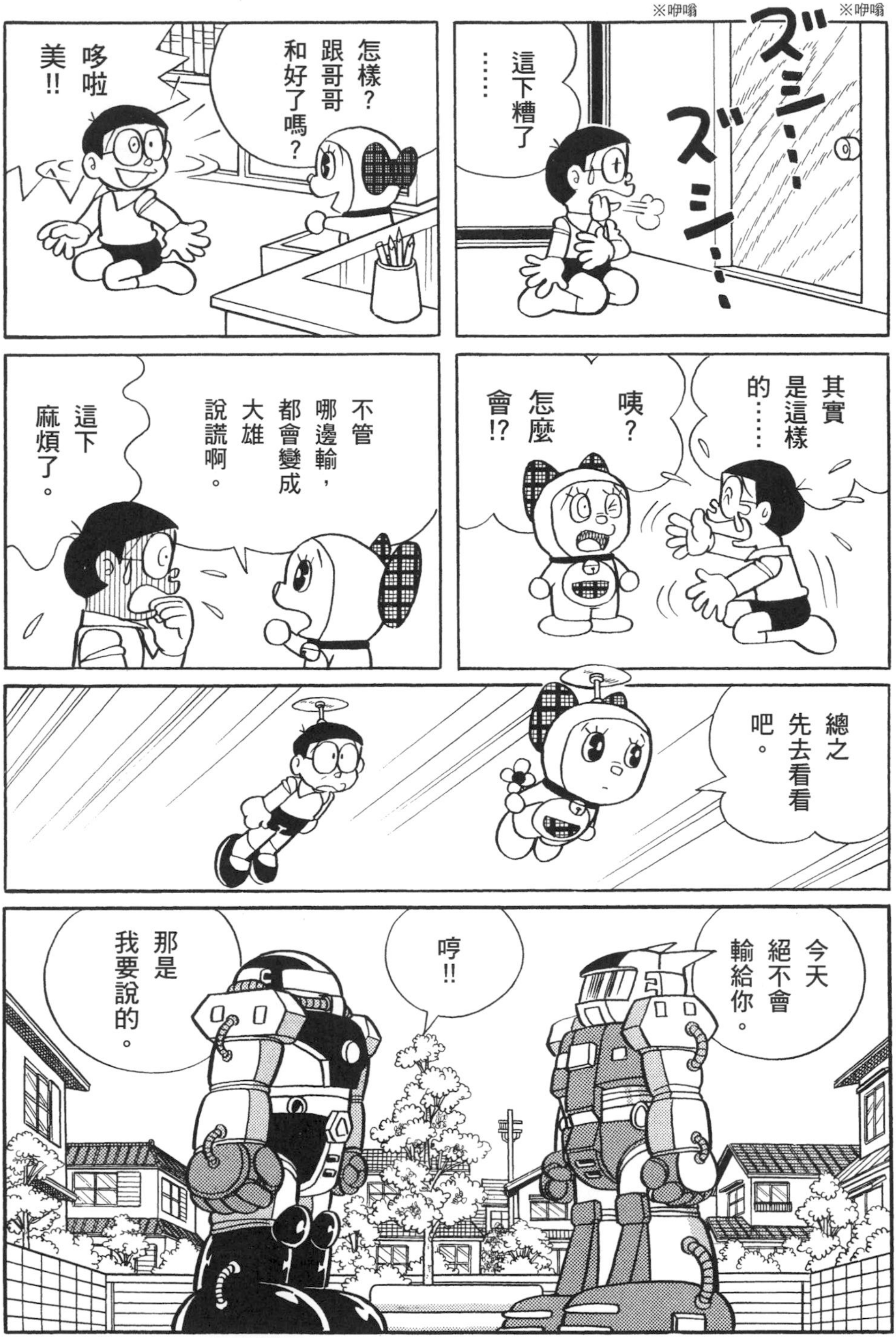
※咿嗡
ズシーン…
※咿嗡
ズシン…
這下糟了……
怎樣？跟哥哥和好了嗎？
哆啦美!!
其實是這樣的……
咦？怎麼會!?
不管哪邊輸，都會變成大雄說謊啊。
這下麻煩了。
總之先去看看吧。
今天絕不會輸給你。
哼!!
那是我要說的。

發明家養成器Q&A **Q** 「靈感」的英文是什麼？① inspiration ② imagination ③ creation

A ① inspiration。「靈感」的英文是 inspiration，imagination 是「想像」，creation 是「創造」。

和哆啦A夢
和好機
設計圖與說明書
準備的東西
有書包、
洋蔥……
這要
幹什麼？
裝了手的
書包
切碎的
洋蔥
這種道具
要怎麼
和好啊？
※抓住
ガシ
※往下
グイ
哇～
眼睛
好嗆!!
※淚流滿面 ※往下壓
グイ
ポロ ポロ
結果
只能
哭著
道歉了。
※鞠躬
ペコ ペコ
是嗎……
那這次
就原諒
你吧。

發明家養成器Q&A

Q 「打開拉門看看吧，外面的世界無限寬廣！」是誰說的？①田中久重 ②豐田佐吉 ③松下幸之助

A ②豐田佐吉，他是「自動織布機」等物品的發明家，也是汽車產業中知名的豐田集團創辦人。

※驚嚇
會給鄰居添麻煩的，快點住手啊！
再不住手，當心我教訓你喔!!
果然還是哆啦A夢可靠。
哪有？嘿嘿嘿……
哆啦A夢，竟然去向我媽告狀。
竟然去找我我媽媽。
你做的「蟑螂帽」借我。
真是靠不住啊。

小學生發明家

小學生也能發明物品！

前面章節介紹的都是專業研究家和成人發明家創造的發明，當然，發明並非成年人專屬的。只要具備創意和執行力就能實現發明，與年齡大小無關。事實上，有些小學生的發明不僅取得專利，還成功商品化，其中甚至有人在發明商品後成立公司，真是令人敬佩啊！

如果你也有新創意，不妨先和家人商量，或是諮詢專利師協會、經濟產業局等，與智慧財產權有關的機構，絕對能幫你將創意化為具體物品。

支援發明工具的團體和組織

有些社團和團體是由兒童發明家成立的，若你不清楚發明的過程，或是想和好友一起發明，不妨加入這些團體。

日本的公益社團法人發明協會在一九七四年成立的「少年少女發明社團」就是最好的例子，協會成員都是對發明、創作、製作物品感興趣的孩子。

全日本四十七個都道府縣都有超過兩個這類的組織，成員總計為一萬一千人左右。每個社團的活動內容各有不同，不過都在學校老師或當地企業技術人員等志工的指導下，從事製造、實驗等課外活動。

此外，發明協會還舉辦許多活動，包括小學一年級到高中三年級學生皆可參加的發明大賽「全日本兒童發明功夫展」、將期待未來會有的科學技術畫成畫作的「未來科學夢繪畫展」等，有興趣的人不妨主動收集資訊。

從小學生發明家身上獲得發明靈感

話說回來，現在有哪些日本的小學生創造了哪些發明呢？接下來為各位介紹公益社團法人發明協會主辦的「第七十八屆全日本兒童發明功夫展」，獲獎小學生發明家的專訪內容。

他們如何獲得創意靈感，如何完成發明？他們的經驗或許能夠成為各位的參考。各項發明工具的照片和說明，請參考刊頭彩頁。

工藤貴博（東京都町田市）

不斷實驗，找出改良重點

工藤貴博就讀小學六年級時，發明了「陽光採光裝置」，這是他花了三到四個月完成的力作。即使是陽光照射角度較為傾斜的上午時段，距離窗邊五點五公尺的室內，仍然能夠保持足夠閱讀的明亮度，是方便實用的裝置。

貴博花了差不多兩個月的時間一邊組裝，一邊實驗與改良。提到過程中最難的地方，他表示：「為了讓裝置隨時都能夠照到陽光，必須設計自動旋轉機制。太陽能板的安裝方式也和以往不同，要設計成山型，就能夠追著太陽跑。」

貴博小時候曾經加入樂高學校，一直到小學四年級。他在樂高學校學到許多物體結構，也在學校的理科課程學到光的反射與折射，這些都成為他發明的養分。

過去也發明各種裝置

自從小學一年級起，發明了「腳踏車速度注意君」這個提醒車速過快的裝置後，貴博每年都有新發明。

最初是因為看到姊姊參加發明社團後的開心模樣感到羨慕，才會想要自己試試看。他的其他發明還包括有「打開窗簾君」、「椅子自動收納裝置」，以及拿傘的手按一下，雨傘就會自動旋轉，再利用磁鐵固定收傘

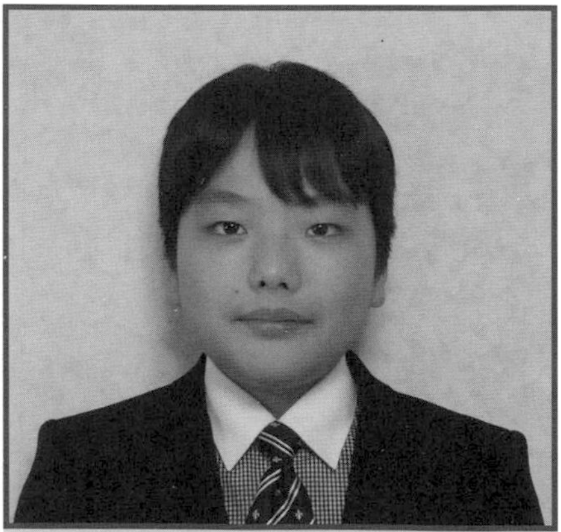

▲一路以來獲頒許多發明獎的工藤貴博。

的「旋轉雨傘」等。貴博每年都會做出各種東西，獲頒各式獎項。

順帶一提，他的弟弟大知也是發明家，刊頭彩頁介紹的「智慧雨量計」就是大知發明的。貴博和姊姊、弟弟可說是發明手足啊！

發明無法一步登天

貴博總是想著「下一次要做什麼」，十分重視發明的工作。有一次他從補習班回家，發現外面明明天色還很亮，家裡卻顯著陰暗，採光不足，才發明了「陽光採光裝置」。

末光怜（山口縣下松市）

爺爺的經驗成為發明靈感

踩油門時，方向盤會發光；踩剎車時，畫著末光怜臉的「安全青蛙」就會跳出來。這就是小學二年級的末光怜發明的「哪個是油門？哪個是剎車？」裝置。

有一次他聽到爺爺說自己不小心踩錯油門與剎車，覺得如果能有一個警示裝置，就可以避免誤踩的問題，這就是他的靈感來源。於是，他開始繪製示意圖和結構圖，和家人商量，逐漸將創意化為具體事物。從想法成形到完成發明的一個月期間，是最辛苦的時候。末光怜告訴我們：「我做得很用心，最後完成的時候十分開心。」

發明是每年一定要做的事

每年末光怜都很認真完成暑假的「自由創作」。他的哥哥大他五歲，受到哥哥的影響，從小一開始，每到暑假，他一定會發明新事物。小學一年級時，他發明了安全駕駛裝置。據說他現在正在發明旁邊有風往外吹的面罩，避免病毒附著。雖然還不知道能不能順利發明出來，但他正在思考面罩結構。

興趣是用面紙做人偶

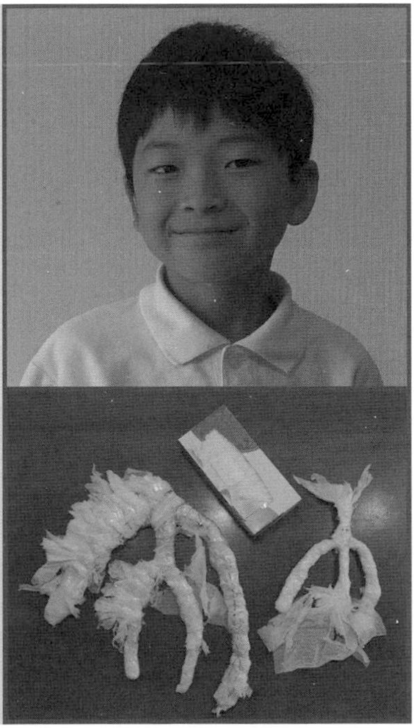

▶末光怜表示：「長大後我想當甜點師傅。」

末光怜喜歡製造，興趣是用面紙製作充滿動感的人偶。前頁下方照片表現出「手」與「人」的意象，花了好幾盒面紙與三天的時間才完成，十分出色。他從小就每天創作，或許如此巧妙的手藝就是這樣培養出來的。

連恩・漸・魏夫溫科（千葉縣柏市）

發明來自於自身經驗和程式編寫知識

連恩在小學四年級時發明了「未來書包」。使用程式設計軟體Scratch，設計出編碼過的RFID讀取器。用RFID讀取器讀取並辨識貼著RFID標籤的教科書和鉛筆盒等物品，就能自動判斷出這項物品需不需要帶出門。

提到發明契機，連恩表示：「因為我曾經像大雄一樣忘了帶東西上學，所以我就想，要是有一個書包可以讓我不會忘記帶東西，那就太好了。」

連恩就讀的小學致力於推動程式編寫教育，相關社團活動十分興盛。據說書包的機制就是在社團活動中想到的。

發明最讓你開心的事情是什麼？

製作過程中最開心的事情，是用瓦楞紙等身邊隨手可得的材料，組裝出書包。考量到書包原有的功能，連恩表示：「未來書包完全不使用又重又硬的金屬，改用好彎折、輕盈且堅固耐用的瓦楞紙和木材製作而成。」除了編寫程式使用的小型電腦之外，整個書包幾乎全用回收材料製成，材料費只花了五千日圓左右。不只是正面，還有書包蓋和背帶。

另一方面，製作過程中最辛苦的事情，是電路配線的位置。連恩花了兩週左右完成配線，審慎調整配線位置。

發明創意是突然想到的

連恩每年暑假都會和爸爸一起發明東西，過去他利用程式語言設計了投幣式扭蛋機、貓咪機器人等物品。

他總是福至心靈，突然想到發明創意。「每次認真想都想不到任何點子，反而是腦袋放空的時候，經常浮現出創意。」生活中遇到的麻煩事也是發明的靈感來源。

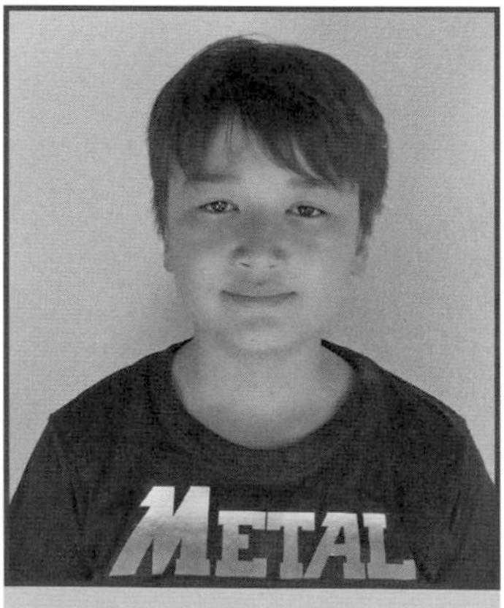

▲將程式編寫知識運用在發明中的連恩漸。

取得專利的過程

如何取得發明專利

本節一起來了解日本發明家在完成發明後，需要辦理哪些手續才能取得專利。

取得發明專利的第一步是向特許廳提出書面文件，必須詳實說明發明內容。書面文件包括特許願（專利申請書）、明細書、圖面、專利請求範圍、要約書等，可以直接到特許廳臨櫃辦理，也能郵寄或透過網路申請。

提出申請之後，可以在三年內請求特許廳審查，如果審查通過，就要支付登錄費，即可取得專利。

▲必須先想出前所未有的創意才能取得專利。

專利取得之後，即可享有獨占該項發明的權利，製成商品販售。此外，也能將專利賣給其他人或公司，亦可收取權利金，讓別人使用。

每年日本都有許多新專利的誕生，數量大約是二十五萬件。

特許廳的職責就是審查專利

「特許廳」是日本的國家級機構，負責審查專利申請案件。台灣的負責單位是經濟部的智慧財產局。

民眾向特許廳提出專利申請後，審查官必須先了解民眾的申請內容，也就是發明標的。從既有技術中，調查與該項發明相關的技術，確認是否已經有類似技術出現。使用獨特的檢索系統，從龐大的資料庫中搜尋，一一確認是否符合專利申請的各項要件（請參閱第三十九頁的說明）。經過層層審查，確認具有專利性的發明就會發出

「專利查定」通知書；如果申請被否決，就會發出「拒絕理由通知」或是「拒絕查定」的通知書。

特許廳中除了有負責執行特許、意匠、商標等審查的審查官之外，還有提供各種服務的事務人員等，總共有三千名左右的職員。若想在特許廳工作，必須先通過國家公務員考試才行。

順帶一提，日本有一個繞口令是「東京特許許可局」，事實上這個機構並不存在。不過，特許廳設置在東京霞之關內，或許可以說是符合「位於東京許可特許之組織」的意義吧！

還有更多推手！協助取得專利的人們

我們已經知道在取得專利之前，必須辦理許多手續，如果這些手續都要發明者自己處理，一定會令人手忙腳亂。

「專利師」是幫助我們處理專利申請相關手續的人，專利師是智慧財產權相關權利和法律的專家，不只是專利，也能協助申請實用新案權、意匠權與商標權等。

專利師的主要工作是成為發明家的代理人，協助提出專利申請，發生與發明和專利有關的糾紛時，也會代為處理訴訟官司等事宜。假設你提出的申請收到「拒絕理由通知」，專利師也可以幫你製作反駁意見書。如果特許廳不接受你的反駁意見書，或是拒絕查定，專利師也會做出適當的因應。

不僅如此，大家在創造發明或提出新想法時，也能找專利師諮詢，專利師會建議你該申請「特許權」還是「實用新案權」；或是先做初步的判斷，評估你的發明能否取得專利權。想要取得專利權的人，專利師是你最

強的後盾。

當然，與自己專利有關的程序權都可以自己處理，不一定要委託專利師。不過，要特別注意申請書的寫法，有時也需要具備法律知識，因此，還是有許多發明家會借助專利師的協助。

日本的專利外國也適用嗎？

話說回來，在日本取得的專利適用於其他國家嗎？很遺憾，答案是不適用。在日本取得的專利只限適用於日本。

這是因為專利採取「屬地主義」，專利權只在提出申請的國家受到認可，所以若是希望在日本受到認可的專利也能適用於其他國家，就必須遵守各國的法律和程序，取得每個國家的專利才行。這樣的原則也適用於意匠和商標。

前面介紹的專利師也很熟悉各國法律與國際條約，因此，若是想取得海外專利權等智慧財產權，也能請專利師協助。

出口日本技術貢獻全世界

日本與外國之間互相買賣發明、專利或Know-how（專業知識與技術）等「技術」的行為稱為「技術貿易」，提供上述技術稱為出口、接受上述技術稱為進口。出口與進口的比例稱為技術貿易額收支比。

這些技術也是科學技術相關的研究成果，因此技術貿易額收支比也是評量一個國家的技術力和產業競爭力的指標。日本的技術貿易額收支比順差一年比一年擴大，這幾年日本企業與大學在外國提出專利申請的件數也逐年增加，日本的技術也能在外國使用。

各位或許也能憑藉發明和專利活躍於全世界。

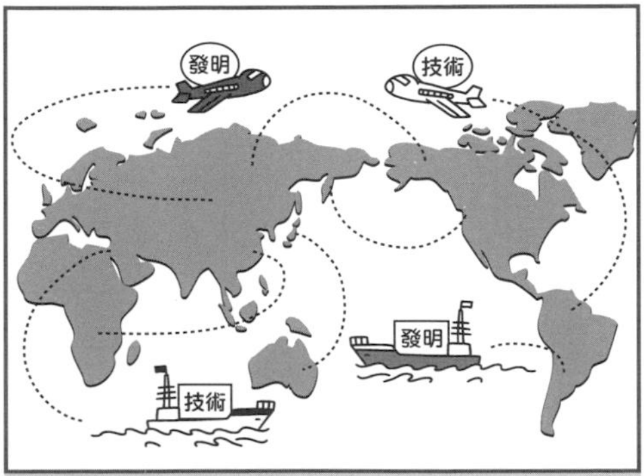

▲發明與專利在世界各國出口與進口，頻繁跨越國境。

人人都能成為發明家！

發明來自於創意

發明的第一步是湧現創意，這一點相當困難。

誠如前方頁面所提過的，湧現創意的靈感就潛藏在我們的身邊。當我們看著每天使用的物品，心想「如果改成這樣就更好用了」，或是看到身旁的人感到麻煩的事情，都能成為我們的靈感來源，每天的新聞報導也是不可錯過的參考焦點。構思解決當下課題的方法，例如天災、意外和環境問題等，也有助於產生創意。

精煉創意，將發明化為具體

發明的第二步是將創意化為具體。

發明雖然來自於創意，但光靠創意無法完成發明品，相信各位已經看過許多例子。事實上，不少方法都有助於將湧現的創意化為具體工具或物品。

舉例來說，將創意寫在紙上，整理寫在紙上的創意，就能昇華出更好的創意。

參加各地方的發明社團，和一樣熱愛發明的同好在團體裡交流，或參加與發明有關的活動，都是接受正向刺激的方法。

報名各種團體或企業主辦、以小學生為對象的發明比賽，也是很好的方法。查詢過去比賽的得獎發明，對自己也是一種學習。

此外，看書或上網收集各種資訊，搜尋機械結構，或是到博物館欣賞過去發明的工具，都是很棒的選擇。

當然，學校的課程也有助於發明。教科書上的內容、

老師說的每一句話，都能成為發明的參考。

不斷實驗和改良 完成更好的發明

完成發明的試作品之後，要實際使用看看，發現不好用的地方就要改良，才能產生更好的發明。大人發明家也經歷過失敗，經過多次實驗，嘗試許多錯誤之後，才完成出色的發明。愛迪生曾說過：「天才是一分的靈感加上九十九分的汗水。」這句名言完全說明了靈感對於發明的重要性。要將靈感化為具體的發明，需要付出許多努力。大家想發明什麼呢？不妨湧現創意，邁出發明的第一步吧！

與發明有關的日本資訊網站

發明兒童 http://kids.jiii.or.jp/	由公益社團法人發明協會營運，提供發明兒童各種支援的網站。亦可搜尋日本全國的「少年少女發明社團」。
發明協會 http://koueki.jiii.or.jp/	公益社團法人發明協會的網站。可以找到「發明表彰、展示會」、「全日本學生兒童發明工夫展」等得獎者清單。
特許廳兒童網站 https://www.jpo.go.jp/news/kids_page/index.html	特許廳的兒童網站。概略介紹了特許廳的工作、專利、意匠、商標等，還能聆聽已經登錄商標的「聲音」。
完整了解發明 https://www.jpo.go.jp/news/kids_page/hatsumei.html	特許廳以漫畫或猜謎形式，簡單解說發明的冊子。其他還有「完整了解設計」、「完整了解商標」。
歡迎來到發明、工夫與特許之國！ https://www.hkd.meti.go.jp/hokig/student/index.htm	北海道經濟產業局經營的網站，完整羅列歷史上的發明、發明家和專利等各項內容。
HAPPYON通信 https://www.jpaa.or.jp/activity/pamphlet/happyon-news/	日本專利師會發行的資訊傳單，亦可在網頁上瀏覽。
一起來學習！專利師kids https://www.jpaa.or.jp/kids/index.html	由日本專利師會營運，介紹專利師的兒童網站，以淺顯易懂的方式介紹專利師的種種。
為什麼諾貝爾獎如此榮耀？ https://www3.nhk.or.jp/news/special/nobelprize2019/	NHK《知子醬開罵！》節目與NHK新聞經營的網站，詳細介紹專利師的工作。
能源偉人館 https://services.osakagas.co.jp/portalc/contents-2/pc/ijin/index.html	專門介紹愛迪生和瓦特等與能源有關的發明家，可查詢偉人們的簡介和生涯貢獻。
十大發明家 https://www.jpo.go.jp/introduction/rekishi/10hatsumeika.html	第七章介紹的「日本十大發明家」網站，完整解說每位發明家的發明與貢獻。

後記

人的時代——與發明共同前行

龜井修
（日本獨立行政法人國立科學博物館產業技術史資料情報中心參事）

發明家必須具備什麼素質？

從外太空欣賞夜晚的地球，會看到許多燈光閃閃發亮。愛迪生逝世的時候，全美國關燈悼念他。雖然LED取代了白熾燈，但地表持續增加的光點漩渦，是人類與發明共同前進的輝煌成就。

現代人類大約二十萬年前誕生於非洲，大約七萬年前開始遷徙至世界各地。人類發明狩獵技術，獵食大型動物；發明農耕技術，改變地表景觀和氣象環境；發明航海技術，橫渡大海，不斷重複定居、遷徙和貿易等行為，擴散至全球各地。化石燃料帶動工業化，掀起「產業革命」，使得原本數量不多的人口出現爆炸性成長。一九五〇年代真正進入大量生產與大量消費時代，人類開始過得富裕充實。

科學與技術深深影響著發明，雖然有人認為技術是科學的應用，但技術是「人類生存必要的技能和知識總體」、科學是「將技術得到的部分發現與知識理論化、體系化」，這樣的定義比較符合事實。科學這個方法的發明對人類的進步做出極大貢獻。

大致來說，科學家做研究是依照自己的興趣，重點不在於研究對象是否有用，而是為了解開不解之謎；技術人員從事研究開發是為了解決社會和人類的某些問題；發明家（發明者）研究讓生活更豐富、更便利的方法。他們找人投資，開發生產技術，發展事業，讓商品普及於市場，獲得財富與名聲。

發明王愛迪生不單是因為發明而受人尊敬，他更是一名成功企業家，壓制所有競爭對手，製造與販售電燈等發明，成為暢銷商品，讓人類的生活和社會更加豐富，自己也成為超級富翁。

發明家受到認可並非只因為他們的發明，人家說發明的歷史是「人類、官司和金錢的歷史」。

發明與技術開發有一個相當知名的現象稱為「共時性」，當某項發明的實用性越高，誰才是發明家這件事的爭議就會越大。開發、專利、製造與販售牽涉到一大筆錢，這一點也會引發爭議。發明家必須具備堅強的韌性，才能在暴風般的狀況往前挺進。現代日本的發明家在將知識轉換成經濟價值的慾望與實現力上，仍有很大的進步空間。

這裡住著一些文明尚未開化的人類，
就好像剛出生的嬰兒一樣，什麼都不知道。
我來教導你們知識，帶領你們走向文明。

哆啦A夢知識大探索 4

發明家養成器

● 漫畫／藤子・F・不二雄

● 原書名／ドラえもん探究ワールド——すごい！発明のひみつ

● 日文版審訂／Fujiko Pro、龜井修（日本國立科學博物館產業技術史資料情報中心參事）、日本專利師會

● 日文版撰文／淺海里奈、葛原武史、石川遍　● 日文版協力／目黑廣志

● 日文版版面設計／東光美術印刷　● 日文版封面設計／有泉勝一（Timemachine）

● 日文版編輯／松本直子　● 插圖／前野 Kotobuki

● 翻譯／游韻馨　● 台灣版審訂／賴文正

【參考文獻、網站】

《發明、發現的大嘗試》（板倉聖宣監修／Poplar社）、《發明與發現的秘密》（山田卓三監修／學研PLUS）、《哆啦A夢不可思議的探險系列14發明發現大探險》、（藤田千枝監修／小學館）、《轉動歷史的發明》（平田寬編著／岩波書店）、《想知道這件事！發明與專利①發明、專利是什麼？》（Kodomo Club／筑摩書房）、《想知道這件事！發明與專利②你也能成為發明家！》（Kodomo Club／筑摩書房）、《機械的發明發現物語》（板倉聖宣編／國土社）、《運輸工具的發明發現物語》（岩城正夫編／國土社）、《生活中的發明發現物語》（藤田千枝編／國土社）、總務省官網、經濟產業省官網、Olfa官網、東芝官網、日本旨味調味料協會官網、Bon Curry官網、元祖迴轉元祿壽司官網、木村屋總本店官網、3M官網、YKK官網、navit官網、曙產業官網、三輝官網、安全交通試驗研究中心官網、大和房屋集團官網、東洋rice官網、日清食品集團官網、給小學生的環境回收學習官網

發行人／王榮文

出版發行／遠流出版事業股份有限公司

地址：104005 台北市中山北路一段 11 號 13 樓

電話：(02)2571-0297　傳真：(02)2571-0197　郵撥：0189456-1

著作權顧問／蕭雄淋律師

2021 年 12 月 1 日 初版一刷　2024 年 6 月 1 日 二版一刷

定價／新台幣 350 元（缺頁或破損的書，請寄回更換）

ISBN 978-626-361-665-3

遠流博識網　http://www.ylib.com　E-mail:ylib@ylib.com

● 發行所／台灣小學館股份有限公司

● 總經理／齋藤滿

● 產品經理／黃馨瑝

● 責任編輯／李宗幸

● 美術編輯／蘇彩金

國家圖書館出版品預行編目資料 (CIP)

發明家養成器 / 日本小學館編輯撰文；藤子・F・不二雄漫畫；
游韻馨翻譯. -- 二版. -- 台北市：遠流出版事業股份有限公司，
2024.6
面；　公分. --（哆啦 A 夢知識大探索；4）

譯自：ドラえもん探究ワールド：すごい！発明のひみつ
ISBN 978-626-361-665-3(平裝)

1.CST: 發明　2.CST: 漫畫

440.6　113004869

DORAEMON TANKYU WORLD
—SUGOI! HATSUMEI NO HIMITSU—
by FUJIKO F FUJIO

※ 本書為 2020 年日本小學館出版的《すごい！発明のひみつ》台灣中文版，在台灣經重新審閱、編輯後發行，因此少部分內容與日文版不同，特此聲明。